즐깨감 연산 시리즈 즐깨감이란 즐거움, 깨달음, 감동의 줄임말입니다.

계산력 마스터

와이즈만 영재교육연구소 지음

10권

 와이즈만 BOOKs

계산력 마스터 10권 초등 4학년 분수와 소수의 덧셈과 뺄셈

1판 1쇄 인쇄 2017년 1월 25일
1판 1쇄 발행 2017년 2월 10일

지음 와이즈만 영재교육연구소

발행처 와이즈만 BOOKs
발행인 임국진
편집인 염만숙
출판문화사업본부장 홍장희
편집 이선아 오성임 서은영
표지 디자인 창의와탐구 디자인팀
본문 디자인 도트
일러스트 김원희
제작 김한석
마케팅 김혜원 전소민 유병준

출판등록 1998년 7월 23일 제1998-000170
제조국 대한민국
사용 연령 8세 이상
주소 서울특별시 서초구 남부순환로 2219 나노빌딩 3층
전화 02-2033-8987(마케팅) 02-2033-8933(편집)
팩스 02-3474-1411
전자우편 books@askwhy.co.kr
홈페이지 books.askwhy.co.kr

수학에 대한 자신감은 《계산력 마스터》로 시작됩니다!

와이즈만 영재교육은 지난 15년간 창의사고력 수학 교육을 지속해오면서 학생들의 수학 실력을 결정짓는 몇 가지 핵심 요소들을 확인할 수 있었습니다.

그 첫 번째는 수학에 대한 태도입니다. 수학을 재미있어 하고 즐기는 아이가 그냥 수학 성적이 좋은 아이보다 학년이 올라갈수록 수학을 더 지속적으로 잘하게 된다는 것입니다. 수학과 친해지는 동기로는 학습 과정에서 부모님과 선생님의 칭찬과 격려, 그리고 흥미와 성취감을 유발하는 사고력 수학 문제를 많이 접해본 경험이 매우 중요했습니다.

두 번째는 바로 기초 연산 능력입니다. 수와 연산, 도형, 확률, 통계, 규칙성과 문제해결 등 여러 수학 영역이 있지만, 계산을 정확하고 빠르게 하는 아이일수록 수학 성취도가 높게 나왔습니다. 연산 능력이 높은 아이는 수학에 대한 자신감도 높았으며, 학습을 통해 연산 실력이 향상될수록 타 영역의 점수와 수학 자신감도 비례해서 개선되는 효과가 있었습니다.

결국 초등 수학에서는 계산력이 좋아지면, 주위의 칭찬과 격려가 많아지고, 자신감도 높아지며 수학이 좋아지는, 바람직한 선순환이 이루어진다고 할 수 있습니다. 사실 아이의 계산력은 부모가 조금만 관심을 가지면 탁월하게 발달시킬 수 있습니다. 계산력 훈련의 핵심은 적은 시간이라도 매일 꾸준히 반복하는 것입니다. 그러다 보면 금세 실력이 향상되는 것을 느낄 수 있습니다.

이 책 《계산력 마스터》는 각 단원마다 개념과 원리를 확실히 이해한 다음, 아이들이 지루해하지 않으면서도 충분히 연습할 수 있도록 적절한 학습량을 제공합니다. 매일매일 정해진 학습량을 규칙적으로 수행하고, 학습 결과를 스스로 기록해 나가면서 자기 주도 학습 능력도 키울 수 있도록 구성하였습니다.

《계산력 마스터》를 즐겁게 학습함으로써 모든 학문과 기술의 기초인 수학과 친구가 되는 멋진 경험을 하시기 바랍니다.

와이즈만 영재교육연구소장 이미경

《계산력 마스터》의 특징이에요

1 학년별 2권, 하루 2쪽 학습으로 계산력 마스터

《계산력 마스터》의 권장 학습량은 1일 2쪽입니다. 학습량이 적어 보이더라도 매일 꾸준히 학습하다보면 1주일마다 하나씩의 단원이 완성되고, 2개월이면 한 권을 모두 끝내게 됩니다. 한 학년에 익혀야 할 연산 학습을 4개월이면 모두 마스터할 수 있으므로, 학교 진도의 보충 교재로 사용할 수도 있고, 제 학년을 넘어 다음 단계의 연산 학습을 계속 이어갈 수도 있습니다.

2 '개념 이해 → 계산 훈련 → 학교 시험 완벽 대비'의 3단계 구성

한 단원의 학습은 1주(6일)간 진행됩니다. 1일차에는 만화와 스토리텔링 문제로 개념을 이해 하고, 2일차부터 5일차까지는 계산력을 충분히 훈련하여 연산이 자연스럽게 체화되도록 합니다. 6일차 에는 연산이 적용된 교과 문제들로 실전 훈련을 함으로써 그 단원의 계산력을 최종 완성합니다.

3 초등 수학의 수와 연산을 체계적으로 공부할 수 있는 커리큘럼

초등 수학에 나오는 수와 연산 내용을 스몰 스텝(기초부터 한 단계씩 학습)으로 구성 하여 아이들이 쉽게 공부할 수 있도록 체계화했습니다. 기존 연산 책과 달리 연산 영역뿐 아니라 연산 에 앞서 알아야 할 수의 개념까지 담고 있으며, 앞에서 학습한 내용이 뒤에 나오는 내용과 자연스럽게 이어지도록 하여 아이들이 자신감과 성취감을 느끼며 학습할 수 있습니다.

4 실수를 줄이고, 계산 속도를 높이는 특별한 구성

연산은 정확성과 속도가 모두 중요합니다. 이 책은 '정확히 풀기'와 '빠르게 풀기'를 2회씩 번갈아 구성함으로써 원리를 적용하는 첫 단계에서는 정확하게, 이후에는 실수를 줄이면서 계산 시간도 단축할 수 있도록 충분한 연습량을 제공합니다. '정확히 풀기'에서는 계획된 풀이 과정을 수행하며 답을 풀게 되며, '빠르게 풀기'에서는 정확도와 함께 연산 속도를 높이는 데 더욱 집중하게 됩니다.

5 규칙적인 공부 습관 형성

연산 학습은 아이에게 규칙적인 공부 습관을 길러 주기에 딱 맞는 소재입니다. 수와 계산에 대한 감각은 자주 접할수록 향상되므로 적은 양이라도 매일 꾸준히 학습하는 것이 필요합니다. 아이들이 반복 학습을 지루하게 느끼는 것은 매우 정상적인 반응입니다. 이는 학부모의 관심과 격려, 그리고 과제를 성공적으로 마쳤을 때 스스로 느끼는 성취감으로 극복할 수 있습니다. 이런 과정을 통해 아이는 자존감이 커지고 자기 주도 학습 능력이 길러지게 됩니다.

《계산력 마스터》의 **구성**이에요

《계산력 마스터》는 1가지 학습 주제를 1주일에 6일 동안 공부하여 계산력을 완성합니다.

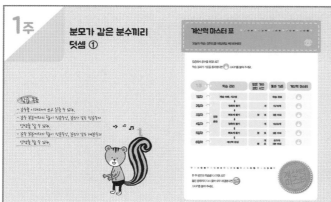

1일차 **수학적 개념과 원리를 이해합니다.**

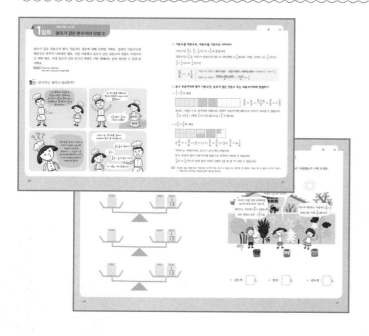

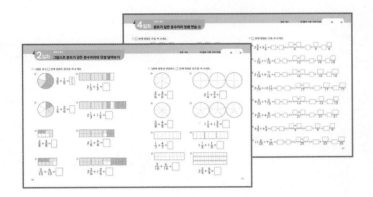

정확히 풀기

2일차, 4일차 원리 적용 연습!

● 구체적 상황이나 계획된 풀이 과정이 제공된 문제를 하루에 2쪽씩 정확히 풀며 계산력을 향상시킵니다.

● 맞은 개수를 체크하며 스스로 자신의 실력을 확인해 봅니다.

빠르게 풀기

3일차, 5일차 정확하고 빠르게 풀기!

● '정확히 풀기'에서 연습한 유형을 실수 없이 빠르게 푸는 연습을 합니다.

● 최소한의 시간 내에 풀어야 하므로 집중력과 학습 효과가 높아집니다.

6일차 **체화된 계산력을 응용, 적용하여 실력을 완성합니다.**

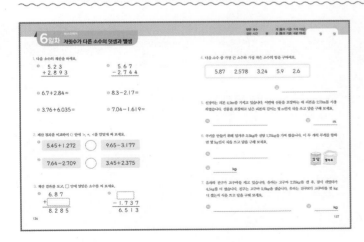

마스터하기

한 주 학습의 완성!

● 학교 시험 난이도 수준의 종합 문제로 한 주 학습을 진단하고 마무리합니다.

● 맞은 개수와 문제 푸는 데 걸린 시간을 체크하여 실력을 확인합니다.

《계산력 마스터》의 학습 내용이에요

초등 1학년부터 4학년까지의 연산 영역뿐 아니라 연산에 앞서 알아야 할 수의 개념까지 저학년 권에서 모두 다루었습니다. 6, 7세부터 초등 4학년으로 커리큘럼이 나누어져 있지만 우리 아이의 계산 실력에 따라 아이가 쉽게 풀 수 있는 권부터 시작해 주는 것이 가장 좋습니다.

《계산력 마스터》는 한 권으로 8주 동안 공부합니다.

6, 7세

1권	덧셈과 뺄셈 기초①/20까지의 수
1주	5까지의 수
2주	5까지 수의 가르기와 모으기
3주	10까지의 수
4주	9까지 수의 가르기와 모으기
5주	+, − 수식 이해하기
6주	9까지의 수 감각
7주	20까지의 수 ①
8주	20까지의 수 ②

2권	덧셈과 뺄셈 기초②/50까지의 수
1주	9까지의 수 모으기
2주	합이 9 이하인 덧셈
3주	9까지의 수 가르기
4주	차가 9 이하인 뺄셈
5주	덧셈과 뺄셈의 관계
6주	간단한 세 수의 덧셈과 뺄셈
7주	50까지의 수 ①
8주	50까지의 수 ②

초등 1학년

3권	100까지의 수/ 덧셈과 뺄셈 초급
1주	100까지의 수 ①
2주	100까지의 수 ②
3주	받아올림이 없는 (두 자리 수)+(한 자리 수)
4주	받아올림이 없는 (두 자리 수)+(두 자리 수)
5주	받아내림이 없는 (두 자리 수)−(한 자리 수)
6주	받아내림이 없는 (두 자리 수)−(두 자리 수)
7주	받아올림, 받아내림이 없는 두 자리 수 연산 종합 ①
8주	받아올림, 받아내림이 없는 두 자리 수 연산 종합 ②

4권	덧셈과 뺄셈 중급①
1주	10 가르기와 모으기
2주	10이 되는 덧셈과 세 수의 덧셈
3주	10에서 빼는 뺄셈과 세 수의 뺄셈
4주	세 수의 덧셈과 뺄셈
5주	받아올림이 있는 (한 자리 수)+(한 자리 수)
6주	받아내림이 있는 (두 자리 수)−(한 자리 수) ①
7주	받아올림이 있는 (두 자리 수)+(한 자리 수)
8주	받아내림이 있는 (두 자리 수)−(한 자리 수) ②

1주 분모가 같은 분수끼리 덧셈 ①

학습 목표

- 분수를 이해하여 쓰고 읽을 수 있다.
- 분수 부분끼리의 합이 진분수인, 분모가 같은 진분수의 덧셈을 할 수 있다.
- 분수 부분끼리의 합이 진분수인, 분모가 같은 대분수의 덧셈을 할 수 있다.

계산력 마스터 표

오늘의 학습 성취도를 매일매일 체크하세요!

집중해서 공부를 하였나요?
학습 결과가 기준을 통과했다면 스티커를 붙여 주세요.

1주	학습 관리		맞은 개수 걸린 시간	통과 기준	계산력 마스터
1일차		개념 이해, 사고셈		학습 완료	👍
2일차	집중 훈련	정확히 풀기	개	13/16개	👍
3일차		빠르게 풀기	분 초	3분 이내	👍
4일차		정확히 풀기	개	19/22개	👍
5일차		빠르게 풀기	분 초	3분 이내	👍
6일차		계산력 완성	개 분 초	8/11개 3분 이내	👍

한 주 동안의 학습을 다 마쳤나요?
틀린 문제까지 다시 풀어 모두 해결했다면 스티커를 붙여 주세요.

1일차 분모가 같은 분수끼리 덧셈 ①

분수의 개념을 이해하고 분모가 같은 분수끼리 더하는 방법에 대해 공부할 거예요. 진 분수끼리의 덧셈을 알아보고 대분수의 덧셈도 공부해요. 계산 방법을 정확하게 숙지하고 충분히 연습하세요.

교과 연계 3학년 1학기 6단원 분수와 소수
3학년 2학기 4단원 분수
4학년 1학기 4단원 분수의 덧셈과 뺄셈

 윤서의 생일 파티

◉ 분수 알기

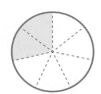

전체를 똑같이 7로 나눈 것 중의 2를 $\frac{2}{7}$라 쓰고 7분의 2라고 읽습니다.

$\frac{2}{7}$, $\frac{5}{7}$와 같은 수를 분수라 하고, 가로 선 아래 수는 분모, 위쪽 수는 분자라고 합니다.

가로 선 ➡ $\frac{2}{7}$
- 2 → 분자 (색칠한 부분의 수)
- 7 → 분모 (전체를 똑같이 나눈 수)

◉ 진분수, 가분수, 대분수 알기

$\frac{1}{3}$, $\frac{2}{3}$와 같이 분자가 분모보다 작은 분수를 진분수라고 합니다.

$\frac{3}{3}$이나 $\frac{4}{3}$와 같이 분자가 분모와 같거나 분모보다 큰 분수를 가분수라고 합니다.

이때, $\frac{3}{3}$과 같이 분자가 분모와 같을 때는 자연수 1과 같습니다.

$1\frac{2}{3}$와 같이 자연수와 진분수로 이루어진 분수를 대분수라고 하고 1과 3분의 2라고 읽습니다.

◉ 분수 부분끼리의 합이 진분수인, 분모가 같은 진분수 또는 대분수끼리의 덧셈하기

- $\frac{2}{7}+\frac{3}{7}$의 계산

분모는 그대로 두고, 분자끼리 더합니다. $\frac{2}{7}$는 $\frac{1}{7}$이 2개, $\frac{3}{7}$은 $\frac{1}{7}$이 3개입니다.

$$\frac{2}{7}+\frac{3}{7}=\frac{5}{7}$$

- $2\frac{2}{4}+3\frac{1}{4}$의 계산

분모가 같은 대분수끼리의 덧셈은 자연수는 자연수끼리, 분수는 분수끼리 더합니다.

$$2\frac{2}{4}+3\frac{1}{4}=(2+3)+\left(\frac{2}{4}+\frac{1}{4}\right)=5+\frac{3}{4}=5\frac{3}{4}$$

Tip 분모가 같은 진분수, 대분수의 덧셈은 분모는 그대로 두고 분자만 더하는 것에 주의합니다.

사다리 타기

○ 사다리 타기를 하여 □ 안에 알맞은 분수를 써 보세요.

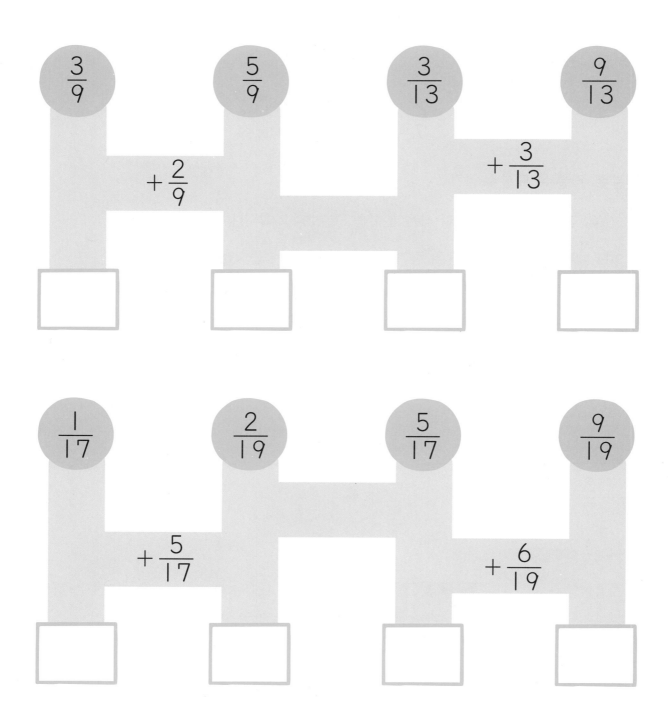

수평을 맞추어라!

○ 저울이 수평을 이루도록 빈칸에 알맞은 분수의 합을 써 보세요.

$1\dfrac{2}{8} + 3\dfrac{5}{8}$

$4\dfrac{8}{11} + 2\dfrac{2}{11}$

$2\dfrac{3}{12} + 8\dfrac{5}{12}$

그림으로 분모가 같은 분수끼리의 덧셈 알아보기

○ 그림을 보고 ☐ 안에 알맞은 분수를 써 보세요.

①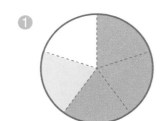
$$\frac{3}{5} + \frac{1}{5} = \boxed{\frac{4}{5}}$$

⑤
$$2\frac{1}{3} + \frac{1}{3} = \boxed{}$$

②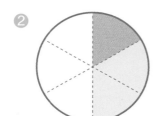
$$\frac{1}{6} + \frac{2}{6} = \boxed{}$$

⑥
$$2\frac{1}{3} + 1\frac{1}{3} = \boxed{}$$

③
$$\frac{2}{8} + \frac{3}{8} = \boxed{}$$

⑦
$$2\frac{1}{6} + \frac{4}{6} = \boxed{}$$

④
$$\frac{3}{10} + \frac{6}{10} = \boxed{}$$

⑧
$$2\frac{2}{6} + 1\frac{2}{6} = \boxed{}$$

○ 그림에 알맞게 색칠하고, □ 안에 알맞은 분수를 써 보세요.

❶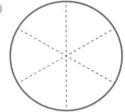

$$\frac{2}{6} + \frac{3}{6} = \boxed{}$$

❺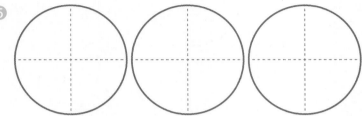

$$2\frac{1}{4} + \frac{2}{4} = \boxed{}$$

❷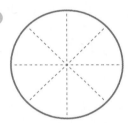

$$\frac{3}{8} + \frac{4}{8} = \boxed{}$$

❻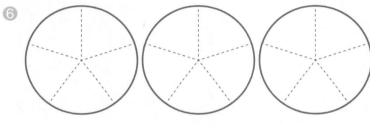

$$1\frac{1}{5} + 1\frac{3}{5} = \boxed{}$$

❸

$$\frac{1}{7} + \frac{4}{7} = \boxed{}$$

❼

$$1\frac{1}{3} + 1\frac{1}{3} = \boxed{}$$

❹

$$\frac{3}{16} + \frac{6}{16} = \boxed{}$$

❽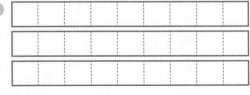

$$2\frac{2}{9} + \frac{5}{9} = \boxed{}$$

분모가 같은 분수끼리 덧셈 연습 ①

○ □ 안에 알맞은 수를 써 보세요.

① $\dfrac{3}{8} + \dfrac{2}{8} = \dfrac{\boxed{}}{8}$

② $\dfrac{4}{11} + \dfrac{5}{11} = \dfrac{\boxed{}}{11}$

③ $\dfrac{3}{7} + \dfrac{3}{7} = \dfrac{\boxed{}}{7}$

④ $\dfrac{3}{5} + \dfrac{1}{5} = \dfrac{\boxed{}}{5}$

⑤ $\dfrac{7}{9} + \dfrac{1}{9} = \dfrac{\boxed{}}{9}$

⑥ $\dfrac{4}{6} + \dfrac{1}{6} = \dfrac{\boxed{}}{6}$

⑦ $\dfrac{4}{12} + \dfrac{6}{12} = \dfrac{\boxed{}}{12}$

⑧ $\dfrac{4}{18} + \dfrac{7}{18} = \dfrac{\boxed{}}{18}$

⑨ $\dfrac{5}{22} + \dfrac{9}{22} = \dfrac{\boxed{}}{22}$

⑩ $\dfrac{12}{31} + \dfrac{6}{31} = \dfrac{\boxed{}}{31}$

⑪ $\dfrac{8}{16} + \dfrac{7}{16} = \dfrac{\boxed{}}{16}$

⑫ $\dfrac{5}{13} + \dfrac{6}{13} = \dfrac{\boxed{}}{13}$

⑬ $\dfrac{17}{24} + \dfrac{5}{24} = \dfrac{\boxed{}}{24}$

⑭ $\dfrac{4}{15} + \dfrac{8}{15} = \dfrac{\boxed{}}{15}$

⑮ $\dfrac{12}{35} + \dfrac{13}{35} = \dfrac{\boxed{}}{35}$

⑯ $\dfrac{7}{40} + \dfrac{15}{40} = \dfrac{\boxed{}}{40}$

○ ☐ 안에 알맞은 수를 써 보세요.

① $3\frac{3}{9} + \frac{5}{9} = \boxed{}\frac{\boxed{}}{9}$

② $\frac{3}{6} + 5\frac{2}{6} = \boxed{}\frac{\boxed{}}{6}$

③ $2\frac{4}{7} + 3\frac{2}{7} = \boxed{}\frac{\boxed{}}{7}$

④ $5\frac{1}{5} + 3\frac{2}{5} = \boxed{}\frac{\boxed{}}{5}$

⑤ $7\frac{3}{10} + 2\frac{4}{10} = \boxed{}\frac{\boxed{}}{10}$

⑥ $\frac{3}{11} + 2\frac{6}{11} = \boxed{}\frac{\boxed{}}{11}$

⑦ $\frac{11}{15} + 3\frac{2}{15} = \boxed{}\frac{\boxed{}}{15}$

⑧ $\frac{8}{21} + 6\frac{6}{21} = \boxed{}\frac{\boxed{}}{21}$

⑨ $4\frac{7}{18} + \frac{6}{18} = \boxed{}\frac{\boxed{}}{18}$

⑩ $5\frac{12}{23} + \frac{7}{23} = \boxed{}\frac{\boxed{}}{23}$

⑪ $\frac{9}{25} + 8\frac{4}{25} = \boxed{}\frac{\boxed{}}{25}$

⑫ $8\frac{9}{14} + 1\frac{3}{14} = \boxed{}\frac{\boxed{}}{14}$

⑬ $5\frac{6}{20} + 9\frac{7}{20} = \boxed{}\frac{\boxed{}}{20}$

⑭ $6\frac{9}{13} + 6\frac{2}{13} = \boxed{}\frac{\boxed{}}{13}$

⑮ $9\frac{8}{19} + 3\frac{6}{19} = \boxed{}\frac{\boxed{}}{19}$

⑯ $6\frac{17}{33} + 8\frac{5}{33} = \boxed{}\frac{\boxed{}}{33}$

○ □ 안에 알맞은 수를 써 보세요.

① $\dfrac{3}{7} + \dfrac{2}{7} = \dfrac{\Box + \Box}{7} = \dfrac{\Box}{7}$

⑧ $\dfrac{3}{8} + \dfrac{4}{8} = \dfrac{\Box + \Box}{8} = \dfrac{\Box}{8}$

② $\dfrac{2}{10} + \dfrac{7}{10} = \dfrac{\Box + \Box}{10} = \dfrac{\Box}{10}$

⑨ $\dfrac{7}{17} + \dfrac{2}{17} = \dfrac{\Box + \Box}{17} = \dfrac{\Box}{17}$

③ $\dfrac{2}{5} + \dfrac{2}{5} = \dfrac{\Box + \Box}{5} = \dfrac{\Box}{5}$

⑩ $\dfrac{7}{21} + \dfrac{10}{21} = \dfrac{\Box + \Box}{21} = \dfrac{\Box}{21}$

④ $\dfrac{2}{9} + \dfrac{4}{9} = \dfrac{\Box + \Box}{9} = \dfrac{\Box}{9}$

⑪ $\dfrac{11}{19} + \dfrac{6}{19} = \dfrac{\Box + \Box}{19} = \dfrac{\Box}{19}$

⑤ $\dfrac{8}{11} + \dfrac{1}{11} = \dfrac{\Box + \Box}{11} = \dfrac{\Box}{11}$

⑫ $\dfrac{5}{24} + \dfrac{9}{24} = \dfrac{\Box + \Box}{24} = \dfrac{\Box}{24}$

⑥ $\dfrac{5}{13} + \dfrac{6}{13} = \dfrac{\Box + \Box}{13} = \dfrac{\Box}{13}$

⑬ $\dfrac{7}{27} + \dfrac{8}{27} = \dfrac{\Box + \Box}{27} = \dfrac{\Box}{27}$

⑦ $\dfrac{9}{15} + \dfrac{4}{15} = \dfrac{\Box + \Box}{15} = \dfrac{\Box}{15}$

⑭ $\dfrac{11}{32} + \dfrac{4}{32} = \dfrac{\Box + \Box}{32} = \dfrac{\Box}{32}$

○ □ 안에 알맞은 수를 써 보세요.

① $2\dfrac{3}{6} + 3\dfrac{1}{6} = (\boxed{} + \boxed{}) + (\dfrac{\boxed{}+\boxed{}}{6}) = \boxed{} + \dfrac{\boxed{}}{6} = \boxed{}\dfrac{\boxed{}}{6}$

② $1\dfrac{3}{10} + 1\dfrac{6}{10} = (\boxed{} + \boxed{}) + (\dfrac{\boxed{}+\boxed{}}{10}) = \boxed{} + \dfrac{\boxed{}}{10} = \boxed{}\dfrac{\boxed{}}{10}$

③ $2\dfrac{3}{16} + 4\dfrac{7}{16} = (\boxed{} + \boxed{}) + (\dfrac{\boxed{}+\boxed{}}{16}) = \boxed{} + \dfrac{\boxed{}}{16} = \boxed{}\dfrac{\boxed{}}{16}$

④ $5\dfrac{2}{17} + 12\dfrac{11}{17} = (\boxed{} + \boxed{}) + (\dfrac{\boxed{}+\boxed{}}{17}) = \boxed{} + \dfrac{\boxed{}}{17} = \boxed{}\dfrac{\boxed{}}{17}$

⑤ $9\dfrac{5}{13} + 7\dfrac{2}{13} = (\boxed{} + \boxed{}) + (\dfrac{\boxed{}+\boxed{}}{13}) = \boxed{} + \dfrac{\boxed{}}{13} = \boxed{}\dfrac{\boxed{}}{13}$

⑥ $2\dfrac{6}{21} + 4\dfrac{8}{21} = (\boxed{} + \boxed{}) + (\dfrac{\boxed{}+\boxed{}}{21}) = \boxed{} + \dfrac{\boxed{}}{21} = \boxed{}\dfrac{\boxed{}}{21}$

⑦ $6\dfrac{3}{9} + 4\dfrac{4}{9} = (\boxed{} + \boxed{}) + (\dfrac{\boxed{}+\boxed{}}{9}) = \boxed{} + \dfrac{\boxed{}}{9} = \boxed{}\dfrac{\boxed{}}{9}$

⑧ $11\dfrac{6}{25} + 7\dfrac{7}{25} = (\boxed{} + \boxed{}) + (\dfrac{\boxed{}+\boxed{}}{25}) = \boxed{} + \dfrac{\boxed{}}{25} = \boxed{}\dfrac{\boxed{}}{25}$

○ 다음 분수의 덧셈을 하세요.

① $\dfrac{4}{9} + \dfrac{3}{9} =$

② $\dfrac{4}{8} + \dfrac{2}{8} =$

③ $\dfrac{4}{12} + \dfrac{7}{12} =$

④ $\dfrac{17}{24} + \dfrac{4}{24} =$

⑤ $\dfrac{7}{15} + \dfrac{5}{15} =$

⑥ $\dfrac{3}{17} + \dfrac{6}{17} =$

⑦ $\dfrac{13}{20} + \dfrac{6}{20} =$

⑧ $\dfrac{13}{27} + \dfrac{13}{27} =$

⑨ $\dfrac{12}{31} + \dfrac{12}{31} =$

⑩ $\dfrac{17}{42} + \dfrac{6}{42} =$

⑪ $\dfrac{13}{30} + \dfrac{9}{30} =$

⑫ $\dfrac{7}{16} + \dfrac{3}{16} =$

⑬ $\dfrac{5}{13} + \dfrac{4}{13} =$

⑭ $\dfrac{4}{17} + \dfrac{9}{17} =$

⑮ $\dfrac{15}{23} + \dfrac{6}{23} =$

⑯ $\dfrac{33}{50} + \dfrac{8}{50} =$

○ 다음 분수의 덧셈을 하세요.

① $3\dfrac{1}{10} + \dfrac{6}{10} =$

② $5\dfrac{3}{7} + \dfrac{3}{7} =$

③ $4\dfrac{3}{8} + \dfrac{3}{8} =$

④ $\dfrac{3}{11} + 6\dfrac{6}{11} =$

⑤ $4\dfrac{5}{20} + \dfrac{7}{20} =$

⑥ $8\dfrac{1}{5} + \dfrac{2}{5} =$

⑦ $\dfrac{2}{19} + 7\dfrac{9}{19} =$

⑧ $5\dfrac{7}{24} + \dfrac{6}{24} =$

⑨ $2\dfrac{2}{13} + 5\dfrac{5}{13} =$

⑩ $3\dfrac{3}{16} + 6\dfrac{4}{16} =$

⑪ $9\dfrac{3}{31} + 2\dfrac{18}{31} =$

⑫ $2\dfrac{11}{20} + 6\dfrac{4}{20} =$

⑬ $7\dfrac{8}{17} + 8\dfrac{4}{17} =$

⑭ $5\dfrac{9}{19} + 7\dfrac{5}{19} =$

⑮ $4\dfrac{7}{25} + 9\dfrac{8}{25} =$

⑯ $7\dfrac{6}{35} + 3\dfrac{8}{35} =$

분모가 같은 분수끼리 덧셈 ①

1. 그림을 보고 ☐ 안에 알맞은 수를 써 보세요.

❶

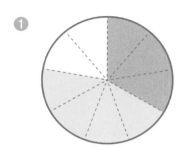

→ $\dfrac{4}{9} + \dfrac{\boxed{}}{9} = \dfrac{\boxed{}}{\boxed{}}$

❷

→ $1\dfrac{1}{4} + \boxed{}\dfrac{\boxed{}}{4} = \boxed{}\dfrac{\boxed{}}{4}$

2. 다음 분수의 덧셈을 하세요.

❶ $\dfrac{2}{7} + \dfrac{4}{7} =$

❷ $2\dfrac{7}{12} + 5\dfrac{4}{12} =$

3. 덧셈을 하여 빈칸에 알맞은 분수를 써 보세요.

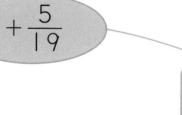

❶ $\dfrac{5}{19}$

❷ $\dfrac{12}{19}$

4. ○ 안에 >, =, <를 알맞게 써 보세요.

❶ $\dfrac{4}{11} + \dfrac{6}{11}$ ◯ $\dfrac{9}{11}$

❷ $1\dfrac{7}{15} + 3\dfrac{4}{15}$ ◯ $4\dfrac{11}{15}$

5. 다음 중 가장 큰 분수와 가장 작은 분수의 합을 구해 보세요.

$$1\dfrac{2}{13} \qquad \dfrac{4}{13} \qquad 2\dfrac{6}{13} \qquad 3\dfrac{1}{13} \qquad \dfrac{8}{13}$$

답 _____

6. 선물을 포장하는 데 수연이는 노끈을 $\dfrac{4}{8}$m를 사용하고, 진아는 $\dfrac{3}{8}$m를 사용하였습니다. 수연이와 진아가 사용한 노끈은 모두 몇 m인지 식을 쓰고 답을 구해 보세요.

식 _____   답 _____ m

7. 찬우는 머핀을 $2\dfrac{1}{6}$개를 먹었고, 희경이는 머핀을 찬우보다 $\dfrac{2}{6}$개 더 먹었습니다. 찬우와 희경이가 먹은 머핀은 모두 몇 개인지 식을 쓰고 답을 구해 보세요.

식 _____   답 _____ 개

분모가 같은 분수끼리 덧셈 ②

학습 목표

- 분수 부분끼리의 합이 가분수인, 분모가 같은 진분수의 덧셈을 할 수 있다.
- 분수 부분끼리의 합이 가분수인, 분모가 같은 대분수의 덧셈을 할 수 있다.
- 대분수를 가분수로, 가분수를 대분수로 나타낼 수 있다.

계산력 마스터 표

오늘의 학습 성취도를 매일매일 체크하세요!

집중해서 공부를 하였나요?
학습 결과가 기준을 통과했다면 👍 스티커를 붙여 주세요.

2주		학습 관리	맞은 개수 걸린 시간	통과 기준	계산력 마스터
1일차		개념 이해, 사고셈		학습 완료	👍
2일차	집중 훈련	정확히 풀기	개	12/14개	👍
3일차		빠르게 풀기	분 초	5분 이내	👍
4일차		정확히 풀기	개	18/21개	👍
5일차		빠르게 풀기	분 초	6분 이내	👍
6일차		계산력 완성	개 분 초	7/9개 5분 이내	👍

한 주 동안의 학습을 다 마쳤나요?
틀린 문제까지 다시 풀어 모두 해결했다면 스티커를 붙여 주세요.

1일차 분모가 같은 분수끼리 덧셈 ②

분모가 같은 진분수의 합이 가분수인 경우에 대해 공부할 거예요. 결과가 가분수이면 대분수로 바꾸어 나타내면 돼요. 이를 이용해서 분모가 같은 대분수의 덧셈도 마찬가지로 하면 돼요. 이제 분모가 같은 분수의 덧셈은 어떤 형태라도 쉽게 계산할 수 있게 될 거예요.

교과 연계 3학년 2학기 4단원 분수
4학년 1학기 4단원 분수의 덧셈과 뺄셈

밀가루는 얼마나 필요할까?

가분수를 대분수로, 대분수를 가분수로 나타내기

가분수인 $\frac{5}{4}$는 $\frac{4}{4}+\frac{1}{4}$이므로 $1\frac{1}{4}$과 같습니다.

대분수인 $1\frac{1}{4}$을 자연수+진분수의 합으로 나타내면 $1+\frac{1}{4}$입니다. 이때, 자연수 1은 $\frac{4}{4}$이므로

$\frac{4}{4}+\frac{1}{4}$이므로 $\frac{5}{4}$입니다.

$\frac{5}{4} \leftrightarrow 1\frac{1}{4}$

가분수 → 대분수 : 분자÷분모 → 몫은 자연수, 나머지는 분자 → $5÷4=1\cdots1$ → $1\frac{1}{4}$

대분수 → 가분수 : $\frac{자연수×분모+분자}{4}$ → $\frac{1×4+1}{4}$ → $\frac{5}{4}$

분수 부분끼리의 합이 가분수인, 분모가 같은 진분수 또는 대분수끼리의 덧셈하기

- $\frac{5}{7}+\frac{4}{7}$의 계산

$$\frac{5}{7} + \frac{4}{7} = \frac{5+4}{7} = \frac{9}{7} = 1\frac{2}{7}$$

분모는 그대로 두고, 분자끼리 더합니다. 결과가 가분수이면 대분수로 바꾸어 나타낼 수 있습니다.

$\frac{9}{7}$는 1이($\frac{7}{7}$) 1개에 $\frac{1}{7}$이 2개 있으므로 $1\frac{2}{7}$가 됩니다.

- $2\frac{2}{4}+1\frac{3}{4}$의 계산

$$2\frac{2}{4} + 1\frac{3}{4} = (2+1) + (\frac{2}{4}+\frac{3}{4}) = 3 + \frac{5}{4} = 4\frac{1}{4}$$

자연수는 자연수끼리, 분수는 분수끼리 더합니다.

분수 부분의 합이 가분수이면 대분수로 바꾸어 나타낼 수 있습니다.

$\frac{5}{4}$는 $1+\frac{1}{4}$이므로 원래 있던 자연수 3에서 1을 한 번 더 더할 수 있습니다.

Tip 계산할 때는 대분수를 가분수로 고쳐서 하는 것이 더 쉽습니다. 결과를 쓸 때에는 대분수를 더 많이 쓰므로 가분수 ↔ 대분수로 나타내는 연습을 많이 하도록 합니다.

우리는 같은 분수야!

○ 같은 분수를 나타내는 카드끼리 선으로 이어 보세요.

| $\dfrac{7}{3}$ | | $2\dfrac{3}{5}$ |

| $\dfrac{13}{5}$ | | $4\dfrac{2}{3}$ |

| $\dfrac{23}{5}$ | | $2\dfrac{1}{3}$ |

| $\dfrac{8}{3}$ | | $4\dfrac{3}{5}$ |

| $\dfrac{14}{3}$ | | $3\dfrac{2}{3}$ |

| $\dfrac{32}{5}$ | | $2\dfrac{2}{3}$ |

| $\dfrac{11}{3}$ | | $6\dfrac{2}{5}$ |

밀가루 5kg 만들기

○ 두 개의 봉투에 담긴 밀가루를 합하여 밀가루 5kg을 만들려고 합니다. 어떤 봉투끼리
짝을 이루면 될지 선으로 이어 보세요.

○ 그림을 보고, □ 안에 알맞은 수를 써 보세요.

❶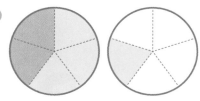

$$\frac{2}{5} + \frac{4}{5} = \frac{\boxed{6}}{5}$$

$$= \frac{\boxed{5}}{5} + \frac{\boxed{1}}{5} = \boxed{1}\frac{\boxed{1}}{5}$$

❷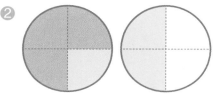

$$\frac{3}{4} + \frac{3}{4} = \frac{\boxed{}}{4}$$

$$= \frac{\boxed{}}{4} + \frac{\boxed{}}{4} = \boxed{}\frac{\boxed{}}{4}$$

❸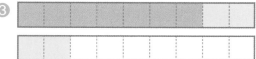

$$\frac{7}{9} + \frac{4}{9} = \frac{\boxed{}}{9}$$

$$= \frac{\boxed{}}{9} + \frac{\boxed{}}{9} = \boxed{}\frac{\boxed{}}{9}$$

❹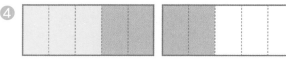

$$\frac{3}{5} + \frac{4}{5} = \frac{\boxed{}}{5}$$

$$= \frac{\boxed{}}{5} + \frac{\boxed{}}{5} = \boxed{}\frac{\boxed{}}{5}$$

❺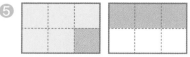

$$\frac{5}{6} + \frac{4}{6} = \frac{\boxed{}}{6}$$

$$= \frac{\boxed{}}{6} + \frac{\boxed{}}{6} = \boxed{}\frac{\boxed{}}{6}$$

❻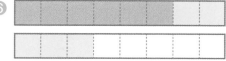

$$\frac{6}{8} + \frac{5}{8} = \frac{\boxed{}}{8}$$

$$= \frac{\boxed{}}{8} + \frac{\boxed{}}{8} = \boxed{}\frac{\boxed{}}{8}$$

○ 그림에 알맞게 색칠하고, □ 안에 알맞은 분수를 써 보세요.

❶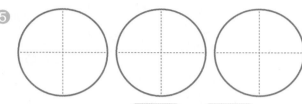

$$\frac{4}{5} + \frac{3}{5} = \boxed{\frac{7}{5}} = \boxed{1\frac{2}{5}}$$

❷

$$\frac{2}{4} + \frac{3}{4} = \boxed{} = \boxed{}$$

❸

$$\frac{5}{8} + \frac{5}{8} = \boxed{} = \boxed{}$$

❹

$$\frac{6}{7} + \frac{4}{7} = \boxed{} = \boxed{}$$

❺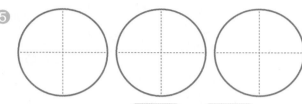

$$1\frac{3}{4} + \frac{2}{4} = \boxed{1\frac{5}{4}} = \boxed{2\frac{1}{4}}$$

❻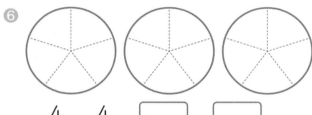

$$1\frac{4}{5} + \frac{4}{5} = \boxed{} = \boxed{}$$

❼

$$1\frac{2}{3} + 1\frac{2}{3} = \boxed{} = \boxed{}$$

❽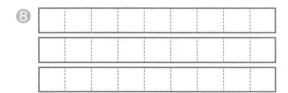

$$1\frac{7}{9} + \frac{7}{9} = \boxed{} = \boxed{}$$

33

◉ □ 안에 알맞은 수를 써 보세요.

① $2\dfrac{3}{6} + 4\dfrac{5}{6} = (\boxed{2} + \boxed{4}) + (\dfrac{\boxed{3}+\boxed{5}}{6}) = \boxed{6} + 1\dfrac{\boxed{2}}{6} = \boxed{7}\dfrac{\boxed{2}}{6}$

② $1\dfrac{4}{5} + 3\dfrac{2}{5} = (\boxed{} + \boxed{}) + (\dfrac{\boxed{}+\boxed{}}{5}) = \boxed{} + \boxed{}\dfrac{\boxed{}}{5} = \boxed{}\dfrac{\boxed{}}{5}$

③ $3\dfrac{7}{10} + 2\dfrac{6}{10} = (\boxed{} + \boxed{}) + (\dfrac{\boxed{}+\boxed{}}{10}) = \boxed{} + \boxed{}\dfrac{\boxed{}}{10} = \boxed{}\dfrac{\boxed{}}{10}$

④ $1\dfrac{3}{7} + 2\dfrac{6}{7} = (\boxed{} + \boxed{}) + (\dfrac{\boxed{}+\boxed{}}{7}) = \boxed{} + \boxed{}\dfrac{\boxed{}}{7} = \boxed{}\dfrac{\boxed{}}{7}$

⑤ $1\dfrac{5}{8} + 3\dfrac{7}{8} = (\boxed{} + \boxed{}) + (\dfrac{\boxed{}+\boxed{}}{8}) = \boxed{} + \boxed{}\dfrac{\boxed{}}{8} = \boxed{}\dfrac{\boxed{}}{8}$

⑥ $2\dfrac{9}{11} + 1\dfrac{7}{11} = (\boxed{} + \boxed{}) + (\dfrac{\boxed{}+\boxed{}}{11}) = \boxed{} + \boxed{}\dfrac{\boxed{}}{11} = \boxed{}\dfrac{\boxed{}}{11}$

⑦ $3\dfrac{6}{15} + 1\dfrac{11}{15} = (\boxed{} + \boxed{}) + (\dfrac{\boxed{}+\boxed{}}{15}) = \boxed{} + \boxed{}\dfrac{\boxed{}}{15} = \boxed{}\dfrac{\boxed{}}{15}$

○ ☐ 안에 알맞은 수를 써 보세요.

① $2\dfrac{4}{7} + 4\dfrac{6}{7} = \dfrac{\boxed{18}}{7} + \dfrac{\boxed{34}}{7} = \dfrac{\boxed{52}}{7} = \boxed{7}\dfrac{\boxed{3}}{7}$

② $2\dfrac{4}{5} + 8\dfrac{3}{5} = \dfrac{\boxed{}}{5} + \dfrac{\boxed{}}{5} = \dfrac{\boxed{}}{5} = \boxed{}\dfrac{\boxed{}}{5}$

③ $3\dfrac{8}{13} + 2\dfrac{7}{13} = \dfrac{\boxed{}}{13} + \dfrac{\boxed{}}{13} = \dfrac{\boxed{}}{13} = \boxed{}\dfrac{\boxed{}}{13}$

④ $4\dfrac{3}{9} + 2\dfrac{7}{9} = \dfrac{\boxed{}}{9} + \dfrac{\boxed{}}{9} = \dfrac{\boxed{}}{9} = \boxed{}\dfrac{\boxed{}}{9}$

⑤ $2\dfrac{6}{12} + 5\dfrac{7}{12} = \dfrac{\boxed{}}{12} + \dfrac{\boxed{}}{12} = \dfrac{\boxed{}}{12} = \boxed{}\dfrac{\boxed{}}{12}$

⑥ $3\dfrac{11}{14} + 1\dfrac{10}{14} = \dfrac{\boxed{}}{14} + \dfrac{\boxed{}}{14} = \dfrac{\boxed{}}{14} = \boxed{}\dfrac{\boxed{}}{14}$

⑦ $4\dfrac{12}{15} + 4\dfrac{9}{15} = \dfrac{\boxed{}}{15} + \dfrac{\boxed{}}{15} = \dfrac{\boxed{}}{15} = \boxed{}\dfrac{\boxed{}}{15}$

◉ ☐ 안에 알맞은 수를 써 보세요.

❶ $\dfrac{8}{11} + \dfrac{8}{11} = \dfrac{\boxed{8} + \boxed{8}}{11} = \dfrac{\boxed{16}}{11} = \boxed{1}\dfrac{\boxed{5}}{11}$

❷ $\dfrac{6}{7} + \dfrac{5}{7} = \dfrac{\boxed{} + \boxed{}}{7} = \dfrac{\boxed{}}{7} = \boxed{}\dfrac{\boxed{}}{7}$

❸ $\dfrac{4}{5} + \dfrac{3}{5} = \dfrac{\boxed{} + \boxed{}}{5} = \dfrac{\boxed{}}{5} = \boxed{}\dfrac{\boxed{}}{5}$

❹ $\dfrac{8}{13} + \dfrac{7}{13} = \dfrac{\boxed{} + \boxed{}}{13} = \dfrac{\boxed{}}{13} = \boxed{}\dfrac{\boxed{}}{13}$

❺ $\dfrac{17}{19} + \dfrac{7}{19} = \dfrac{\boxed{} + \boxed{}}{19} = \dfrac{\boxed{}}{19} = \boxed{}\dfrac{\boxed{}}{19}$

❻ $\dfrac{13}{17} + \dfrac{12}{17} = \dfrac{\boxed{} + \boxed{}}{17} = \dfrac{\boxed{}}{17} = \boxed{}\dfrac{\boxed{}}{17}$

❼ $\dfrac{18}{21} + \dfrac{13}{21} = \dfrac{\boxed{} + \boxed{}}{21} = \dfrac{\boxed{}}{21} = \boxed{}\dfrac{\boxed{}}{21}$

○ □ 안에 알맞은 수를 써 보세요.

① $\dfrac{4}{5} + \dfrac{4}{5} = \dfrac{\boxed{8}}{5} = \boxed{1}\dfrac{\boxed{3}}{5}$

⑧ $2\dfrac{3}{4} + 3\dfrac{2}{4} = \boxed{5}\dfrac{\boxed{5}}{4} = \boxed{6}\dfrac{\boxed{1}}{4}$

② $\dfrac{7}{8} + \dfrac{5}{8} = \dfrac{\boxed{}}{8} = \boxed{}\dfrac{\boxed{}}{8}$

⑨ $3\dfrac{5}{8} + 2\dfrac{6}{8} = \boxed{}\dfrac{\boxed{}}{8} = \boxed{}\dfrac{\boxed{}}{8}$

③ $\dfrac{4}{9} + \dfrac{8}{9} = \dfrac{\boxed{}}{9} = \boxed{}\dfrac{\boxed{}}{9}$

⑩ $1\dfrac{7}{9} + 2\dfrac{5}{9} = \boxed{}\dfrac{\boxed{}}{9} = \boxed{}\dfrac{\boxed{}}{9}$

④ $\dfrac{17}{23} + \dfrac{12}{23} = \dfrac{\boxed{}}{23} = \boxed{}\dfrac{\boxed{}}{23}$

⑪ $2\dfrac{6}{11} + 2\dfrac{7}{11} = \boxed{}\dfrac{\boxed{}}{11} = \boxed{}\dfrac{\boxed{}}{11}$

⑤ $\dfrac{9}{20} + \dfrac{13}{20} = \dfrac{\boxed{}}{20} = \boxed{}\dfrac{\boxed{}}{20}$

⑫ $2\dfrac{9}{12} + 1\dfrac{5}{12} = \boxed{}\dfrac{\boxed{}}{12} = \boxed{}\dfrac{\boxed{}}{12}$

⑥ $\dfrac{9}{14} + \dfrac{8}{14} = \dfrac{\boxed{}}{14} = \boxed{}\dfrac{\boxed{}}{14}$

⑬ $1\dfrac{6}{10} + 5\dfrac{9}{10} = \boxed{}\dfrac{\boxed{}}{10} = \boxed{}\dfrac{\boxed{}}{10}$

⑦ $\dfrac{23}{28} + \dfrac{10}{28} = \dfrac{\boxed{}}{28} = \boxed{}\dfrac{\boxed{}}{28}$

⑭ $3\dfrac{11}{20} + 1\dfrac{14}{20} = \boxed{}\dfrac{\boxed{}}{20} = \boxed{}\dfrac{\boxed{}}{20}$

결과가 가분수인 분모가 같은 분수끼리 덧셈 연습 ②

○ 다음 분수의 덧셈을 하여 대분수로 나타내어 보세요.

① $\dfrac{7}{9} + \dfrac{3}{9} =$

② $\dfrac{2}{4} + \dfrac{3}{4} =$

③ $\dfrac{9}{12} + \dfrac{7}{12} =$

④ $\dfrac{17}{24} + \dfrac{14}{24} =$

⑤ $\dfrac{7}{15} + \dfrac{9}{15} =$

⑥ $\dfrac{13}{17} + \dfrac{9}{17} =$

⑦ $\dfrac{13}{20} + \dfrac{16}{20} =$

⑧ $\dfrac{15}{27} + \dfrac{21}{27} =$

⑨ $\dfrac{13}{31} + \dfrac{22}{31} =$

⑩ $\dfrac{37}{42} + \dfrac{16}{42} =$

⑪ $\dfrac{9}{10} + \dfrac{9}{10} =$

⑫ $\dfrac{13}{16} + \dfrac{14}{16} =$

⑬ $\dfrac{9}{13} + \dfrac{8}{13} =$

⑭ $\dfrac{12}{17} + \dfrac{9}{17} =$

⑮ $\dfrac{33}{50} + \dfrac{28}{50} =$

⑯ $\dfrac{17}{23} + \dfrac{9}{23} =$

○ 다음 분수의 덧셈을 하여 대분수로 나타내어 보세요.

① $3\dfrac{9}{10} + \dfrac{6}{10} =$

② $5\dfrac{4}{7} + \dfrac{6}{7} =$

③ $\dfrac{5}{8} + 2\dfrac{7}{8} =$

④ $3\dfrac{4}{5} + \dfrac{4}{5} =$

⑤ $3\dfrac{17}{20} + \dfrac{7}{20} =$

⑥ $\dfrac{9}{11} + 2\dfrac{6}{11} =$

⑦ $\dfrac{11}{19} + 1\dfrac{17}{19} =$

⑧ $2\dfrac{17}{24} + \dfrac{8}{24} =$

⑨ $2\dfrac{3}{5} + 5\dfrac{4}{5} =$

⑩ $3\dfrac{5}{6} + 4\dfrac{4}{6} =$

⑪ $5\dfrac{7}{8} + 2\dfrac{5}{8} =$

⑫ $2\dfrac{6}{11} + 3\dfrac{8}{11} =$

⑬ $2\dfrac{8}{15} + 1\dfrac{13}{15} =$

⑭ $1\dfrac{9}{12} + 1\dfrac{11}{12} =$

⑮ $2\dfrac{7}{20} + 1\dfrac{18}{20} =$

⑯ $1\dfrac{11}{16} + 2\dfrac{10}{16} =$

1. 그림을 보고, □ 안에 알맞은 수를 써 보세요.

$$\frac{5}{7} + \frac{\square}{7} = \frac{\square}{\square} = \square\frac{\square}{7}$$

2. 다음 분수의 덧셈을 하여 대분수로 나타내어 보세요.

❶ $\dfrac{6}{8} + \dfrac{5}{8} =$

❷ $2\dfrac{7}{10} + 3\dfrac{9}{10} =$

3. ○ 안에 >, =, <를 알맞게 써 보세요.

❶ $\dfrac{7}{9} + \dfrac{5}{9}$ ○ $1\dfrac{3}{9}$

❷ $2\dfrac{11}{14} + 1\dfrac{5}{14}$ ○ $3\dfrac{13}{14}$

4. 다음 중 가장 큰 분수와 가장 작은 분수의 합을 구하세요.

| $1\dfrac{12}{17}$ | $\dfrac{16}{17}$ | $2\dfrac{8}{17}$ | $1\dfrac{11}{17}$ | $2\dfrac{15}{17}$ |

답 _____

5. 주어진 세 분수 중 두 분수를 더하여 합이 가장 큰 대분수를 만들어 보세요.

$$3\frac{3}{5} \qquad 6\frac{2}{5} \qquad 4\frac{4}{5}$$

답　_____

6. 크리스마트 트리를 꾸미는 데 빨간색 테이프를 $\frac{12}{15}$ m를 사용하고, 초록색 테이프는 $\frac{7}{15}$ m를 사용하였습니다. 트리를 꾸미는 데 사용한 빨간색 테이프와 초록색 테이프는 모두 몇 m인지 식을 쓰고 답을 대분수로 나타내어 보세요.

식

_____

답　_____ m

7. 지현이는 피아노 연습을 어제는 $1\frac{5}{6}$ 시간 하였고, 오늘은 어제보다 $\frac{3}{6}$ 시간 더 하였습니다. 지현이가 어제와 오늘 피아노 연습을 한 시간은 모두 몇 시간인지 식을 쓰고 답을 대분수로 나타내어 보세요.

식

_____

답　_____ 시간

분모가 같은 분수끼리 뺄셈

학습 목표

- 분수 부분끼리 뺄 수 있는, 분모가 같은 진분수의 뺄셈을 할 수 있다.
- 분수 부분끼리 뺄 수 있는, 분모가 같은 대분수의 뺄셈을 할 수 있다.

계산력 마스터 표

오늘의 학습 성취도를 매일매일 체크하세요!

집중해서 공부를 하였나요?
학습 결과가 기준을 통과했다면 👍 스티커를 붙여 주세요.

3주		학습 관리	맞은 개수 걸린 시간	통과 기준	계산력 마스터
1일차		개념 이해, 사고셈		학습 완료	👍
2일차	집중 훈련	정확히 풀기	개	13/16개	👍
3일차		빠르게 풀기	분 초	3분 이내	👍
4일차		정확히 풀기	개	18/21개	👍
5일차		빠르게 풀기	분 초	4분 이내	👍
6일차		계산력 완성	개 분 초	8/11개 3분 이내	👍

한 주 동안의 학습을 다 마쳤나요?
틀린 문제까지 다시 풀어 모두 해결했다면 스티커를 붙여 주세요.

분모가 같은 분수끼리 뺄셈

분모가 같은 진분수와 대분수의 뺄셈을 계산하는 방법에 대해 공부할 거예요. 진분수는 덧셈에서 배운 것처럼 분모는 그대로 두고 분자끼리 빼면 돼요. 이를 이용해서 분모가 같은 대분수의 뺄셈도 쉽게 해결해 보세요.

교과 연계 3학년 2학기 4단원 분수
4학년 1학기 4단원 분수의 덧셈과 뺄셈

 엄마가 만들어 주신 포도 주스

◯ 분수 부분끼리 뺄 수 있는, 분모가 같은 진분수끼리의 뺄셈하기

• $\dfrac{5}{7} - \dfrac{2}{7}$ 의 계산

$$\dfrac{5}{7} - \dfrac{2}{7} = \dfrac{5-2}{7} = \dfrac{3}{7}$$

분모가 같은 진분수끼리의 뺄셈은 분모는 그대로 두고 분자끼리 뺍니다.
$\dfrac{2}{7}$ 는 $\dfrac{1}{7}$ 이 2개이므로 2칸을 ×표로 지웁니다.

◯ 분수 부분끼리 뺄 수 있는, 분모가 같은 대분수끼리의 뺄셈하기

• $3\dfrac{3}{4} - 2\dfrac{1}{4}$ 의 계산

$$3\dfrac{3}{4} - 2\dfrac{1}{4} = (3-2) + \left(\dfrac{3}{4} - \dfrac{1}{4}\right) = 1 + \dfrac{2}{4} = 1\dfrac{2}{4}$$

분모가 같은 대분수의 뺄셈은 자연수는 자연수끼리,
분수는 분수끼리 뺍니다.
자연수끼리 빼면 3-2=1, 분수끼리 빼면 $\dfrac{3}{4} - \dfrac{1}{4} = \dfrac{2}{4}$ 입니다.

> 네 칸 모두 색칠된 것은 1이야. 자연수 2를 빼야 하니까 네 칸 모두 색칠된 것 두 개를 ×표로 지워.

Tip 분모가 같은 진분수, 대분수의 뺄셈은 분모는 그대로 두고 분자끼리 빼면 됩니다. 그림을 보며 익힐 수 있도록 도와주세요.

수평을 맞추어라! 2

○ 윗접시 저울이 기울지 않게 하려면 양쪽 접시에 어떤 추를 올려놓아야 할지 써 보세요.

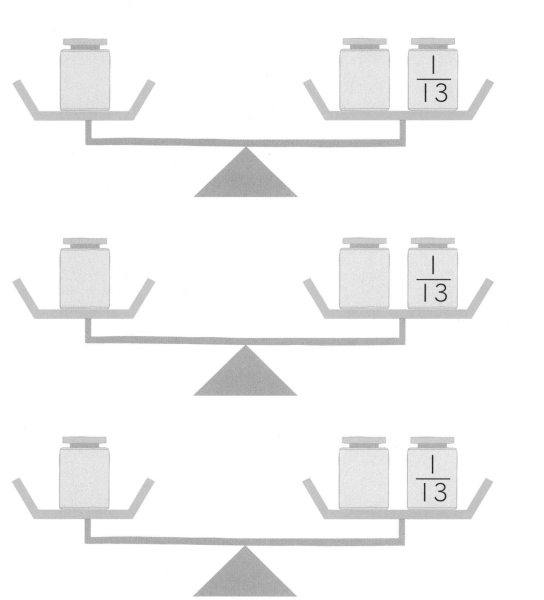

담벼락 꾸미기

○ 친구들의 대화를 잘 보고, 각 색깔별로 페인트를 얼마나 사용했는지 구해 보세요.

→ 검은색 : ☐ L   → 흰색 : ☐ L   → 연두색 : ☐ L

그림으로 분모가 같은 분수끼리의 뺄셈 알아보기

◯ 그림을 보고, ☐ 안에 알맞은 분수를 써 보세요.

①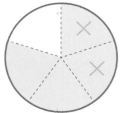

$$\frac{4}{5} - \frac{2}{5} = \boxed{}$$

②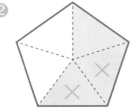

$$\frac{3}{5} - \frac{2}{5} = \boxed{}$$

③

$$\frac{3}{8} - \frac{2}{8} = \boxed{}$$

④

$$\frac{8}{9} - \frac{4}{9} = \boxed{}$$

⑤

$$2\frac{2}{3} - 1\frac{1}{3} = \boxed{}$$

⑥

$$2\frac{2}{4} - 1\frac{1}{4} = \boxed{}$$

⑦

$$1\frac{7}{8} - 1\frac{2}{8} = \boxed{}$$

⑧

$$3\frac{4}{6} - 2\frac{3}{6} = \boxed{}$$

○ 그림에 알맞게 색칠하고, 빼는 수만큼 ×로 지워 □ 안에 알맞은 분수를 써 보세요.

❶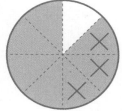

$$\frac{7}{8} - \frac{3}{8} = \boxed{\frac{4}{8}}$$

❺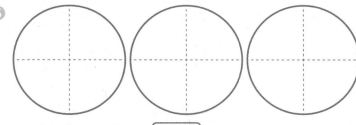

$$2\frac{3}{4} - \frac{2}{4} = \boxed{}$$

❷

$$\frac{5}{7} - \frac{2}{7} = \boxed{}$$

❻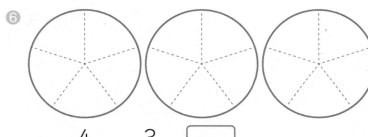

$$2\frac{4}{5} - 1\frac{3}{5} = \boxed{}$$

❸

$$\frac{11}{12} - \frac{7}{12} = \boxed{}$$

❼

$$3\frac{2}{3} - 1\frac{1}{3} = \boxed{}$$

❹

$$\frac{9}{16} - \frac{7}{16} = \boxed{}$$

❽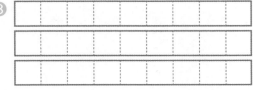

$$2\frac{5}{9} - 1\frac{1}{9} = \boxed{}$$

49

3일차 분모가 같은 분수끼리 뺄셈 연습 ①

○ □ 안에 알맞은 수를 써 보세요.

① $\dfrac{7}{8} - \dfrac{1}{8} = \dfrac{\boxed{}}{8}$

⑧ $\dfrac{11}{12} - \dfrac{9}{12} = \dfrac{\boxed{}}{12}$

② $\dfrac{9}{11} - \dfrac{5}{11} = \dfrac{\boxed{}}{11}$

⑨ $\dfrac{7}{9} - \dfrac{6}{9} = \dfrac{\boxed{}}{9}$

③ $\dfrac{8}{9} - \dfrac{3}{9} = \dfrac{\boxed{}}{9}$

⑩ $\dfrac{14}{15} - \dfrac{8}{15} = \dfrac{\boxed{}}{15}$

④ $\dfrac{15}{22} - \dfrac{7}{22} = \dfrac{\boxed{}}{22}$

⑪ $\dfrac{15}{20} - \dfrac{9}{20} = \dfrac{\boxed{}}{20}$

⑤ $\dfrac{12}{18} - \dfrac{8}{18} = \dfrac{\boxed{}}{18}$

⑫ $\dfrac{14}{22} - \dfrac{7}{22} = \dfrac{\boxed{}}{22}$

⑥ $\dfrac{13}{18} - \dfrac{2}{18} = \dfrac{\boxed{}}{18}$

⑬ $\dfrac{22}{35} - \dfrac{9}{35} = \dfrac{\boxed{}}{35}$

⑦ $\dfrac{22}{31} - \dfrac{5}{31} = \dfrac{\boxed{}}{31}$

⑭ $\dfrac{23}{40} - \dfrac{8}{40} = \dfrac{\boxed{}}{40}$

○ □ 안에 알맞은 수를 써 보세요.

① $3\dfrac{7}{9} - \dfrac{5}{9} = \boxed{}\dfrac{\boxed{}}{9}$

⑧ $5\dfrac{4}{7} - 3\dfrac{2}{7} = \boxed{}\dfrac{\boxed{}}{7}$

② $2\dfrac{9}{11} - \dfrac{6}{11} = \boxed{}\dfrac{\boxed{}}{11}$

⑨ $6\dfrac{11}{13} - 2\dfrac{2}{13} = \boxed{}\dfrac{\boxed{}}{13}$

③ $5\dfrac{7}{8} - \dfrac{6}{8} = \boxed{}\dfrac{\boxed{}}{8}$

⑩ $5\dfrac{16}{20} - 3\dfrac{7}{20} = \boxed{}\dfrac{\boxed{}}{20}$

④ $6\dfrac{7}{10} - \dfrac{3}{10} = \boxed{}\dfrac{\boxed{}}{10}$

⑪ $5\dfrac{11}{12} - 3\dfrac{8}{12} = \boxed{}\dfrac{\boxed{}}{12}$

⑤ $3\dfrac{11}{15} - \dfrac{2}{15} = \boxed{}\dfrac{\boxed{}}{15}$

⑫ $6\dfrac{13}{16} - 3\dfrac{8}{16} = \boxed{}\dfrac{\boxed{}}{16}$

⑥ $5\dfrac{12}{23} - \dfrac{2}{23} = \boxed{}\dfrac{\boxed{}}{23}$

⑬ $9\dfrac{18}{19} - 3\dfrac{6}{19} = \boxed{}\dfrac{\boxed{}}{19}$

⑦ $6\dfrac{19}{25} - \dfrac{4}{25} = \boxed{}\dfrac{\boxed{}}{25}$

⑭ $6\dfrac{21}{33} - 1\dfrac{3}{33} = \boxed{}\dfrac{\boxed{}}{33}$

4일차 분모가 같은 분수끼리 뺄셈 연습 ②

◎ ☐ 안에 알맞은 수를 써 보세요.

❶ $\dfrac{8}{9} - \dfrac{2}{9} = \dfrac{\boxed{} - \boxed{}}{9} = \dfrac{\boxed{}}{9}$

❽ $\dfrac{17}{21} - \dfrac{5}{21} = \dfrac{\boxed{} - \boxed{}}{21} = \dfrac{\boxed{}}{21}$

❷ $\dfrac{13}{17} - \dfrac{4}{17} = \dfrac{\boxed{} - \boxed{}}{17} = \dfrac{\boxed{}}{17}$

❾ $\dfrac{13}{25} - \dfrac{8}{25} = \dfrac{\boxed{} - \boxed{}}{25} = \dfrac{\boxed{}}{25}$

❸ $\dfrac{8}{11} - \dfrac{5}{11} = \dfrac{\boxed{} - \boxed{}}{11} = \dfrac{\boxed{}}{11}$

❿ $\dfrac{9}{12} - \dfrac{4}{12} = \dfrac{\boxed{} - \boxed{}}{12} = \dfrac{\boxed{}}{12}$

❹ $\dfrac{5}{6} - \dfrac{3}{6} = \dfrac{\boxed{} - \boxed{}}{6} = \dfrac{\boxed{}}{6}$

⓫ $\dfrac{14}{19} - \dfrac{8}{19} = \dfrac{\boxed{} - \boxed{}}{19} = \dfrac{\boxed{}}{19}$

❺ $\dfrac{5}{8} - \dfrac{2}{8} = \dfrac{\boxed{} - \boxed{}}{8} = \dfrac{\boxed{}}{8}$

⓬ $\dfrac{18}{30} - \dfrac{9}{30} = \dfrac{\boxed{} - \boxed{}}{30} = \dfrac{\boxed{}}{30}$

❻ $\dfrac{17}{20} - \dfrac{5}{20} = \dfrac{\boxed{} - \boxed{}}{20} = \dfrac{\boxed{}}{20}$

⓭ $\dfrac{23}{27} - \dfrac{8}{27} = \dfrac{\boxed{} - \boxed{}}{27} = \dfrac{\boxed{}}{27}$

❼ $\dfrac{12}{13} - \dfrac{2}{13} = \dfrac{\boxed{} - \boxed{}}{13} = \dfrac{\boxed{}}{13}$

⓮ $\dfrac{25}{31} - \dfrac{3}{31} = \dfrac{\boxed{} - \boxed{}}{31} = \dfrac{\boxed{}}{31}$

○ □ 안에 알맞은 수를 써 보세요.

① $4\dfrac{4}{6} - 2\dfrac{1}{6} = (\square - \square) + (\dfrac{\square - \square}{6}) = \square + \dfrac{\square}{6} = \square\dfrac{\square}{6}$

② $7\dfrac{7}{11} - 2\dfrac{4}{11} = (\square - \square) + (\dfrac{\square - \square}{11}) = \square + \dfrac{\square}{11} = \square\dfrac{\square}{11}$

③ $5\dfrac{13}{15} - 2\dfrac{6}{15} = (\square - \square) + (\dfrac{\square - \square}{15}) = \square + \dfrac{\square}{15} = \square\dfrac{\square}{15}$

④ $5\dfrac{11}{16} - 3\dfrac{6}{16} = (\square - \square) + (\dfrac{\square - \square}{16}) = \square + \dfrac{\square}{16} = \square\dfrac{\square}{16}$

⑤ $9\dfrac{13}{20} - 2\dfrac{7}{20} = (\square - \square) + (\dfrac{\square - \square}{20}) = \square + \dfrac{\square}{20} = \square\dfrac{\square}{20}$

⑥ $4\dfrac{21}{25} - 1\dfrac{18}{25} = (\square - \square) + (\dfrac{\square - \square}{25}) = \square + \dfrac{\square}{25} = \square\dfrac{\square}{25}$

⑦ $8\dfrac{14}{18} - 2\dfrac{6}{18} = (\square - \square) + (\dfrac{\square - \square}{18}) = \square + \dfrac{\square}{18} = \square\dfrac{\square}{18}$

5일차 분모가 같은 분수끼리 뺄셈 연습 ③

○ 다음 분수의 뺄셈을 하세요.

❶ $\dfrac{8}{9} - \dfrac{3}{9} =$

❷ $\dfrac{6}{8} - \dfrac{2}{8} =$

❸ $\dfrac{11}{12} - \dfrac{4}{12} =$

❹ $\dfrac{17}{24} - \dfrac{9}{24} =$

❺ $\dfrac{7}{15} - \dfrac{1}{15} =$

❻ $\dfrac{13}{17} - \dfrac{6}{17} =$

❼ $\dfrac{13}{20} - \dfrac{9}{20} =$

❽ $\dfrac{12}{27} - \dfrac{8}{27} =$

❾ $2\dfrac{3}{4} - \dfrac{1}{4} =$

❿ $3\dfrac{5}{7} - 2\dfrac{3}{7} =$

⓫ $4\dfrac{8}{10} - 1\dfrac{2}{10} =$

⓬ $5\dfrac{7}{16} - 3\dfrac{3}{16} =$

⓭ $6\dfrac{5}{13} - 1\dfrac{4}{13} =$

⓮ $7\dfrac{15}{21} - 3\dfrac{7}{21} =$

⓯ $4\dfrac{14}{17} - 2\dfrac{9}{17} =$

⓰ $3\dfrac{15}{23} - 1\dfrac{8}{23} =$

○ 계산 결과를 보고, ☐ 안에 알맞은 분수를 써 보세요.

❶ $\boxed{} + \dfrac{3}{9} = \dfrac{7}{9}$

❷ $\boxed{} + \dfrac{6}{10} = \dfrac{9}{10}$

❸ $\boxed{} + \dfrac{4}{12} = \dfrac{9}{12}$

❹ $\boxed{} + \dfrac{3}{15} = \dfrac{9}{15}$

❺ $\boxed{} + \dfrac{11}{20} = \dfrac{18}{20}$

❻ $\boxed{} + \dfrac{7}{22} = \dfrac{18}{22}$

❼ $\boxed{} + \dfrac{7}{13} = \dfrac{11}{13}$

❽ $\boxed{} + \dfrac{9}{19} = \dfrac{13}{19}$

❾ $\boxed{} + \dfrac{8}{14} = 1\dfrac{12}{14}$

❿ $\boxed{} + \dfrac{1}{16} = 3\dfrac{6}{16}$

⓫ $\boxed{} + 2\dfrac{2}{10} = 5\dfrac{9}{10}$

⓬ $\boxed{} + 2\dfrac{3}{19} = 6\dfrac{7}{19}$

⓭ $\boxed{} + 1\dfrac{2}{11} = 4\dfrac{8}{11}$

⓮ $\boxed{} + 2\dfrac{6}{20} = 6\dfrac{12}{20}$

⓯ $\boxed{} + 3\dfrac{8}{24} = 5\dfrac{21}{24}$

⓰ $\boxed{} + 1\dfrac{13}{21} = 2\dfrac{20}{21}$

1. 그림을 보고, ☐ 안에 알맞은 수를 써 보세요.

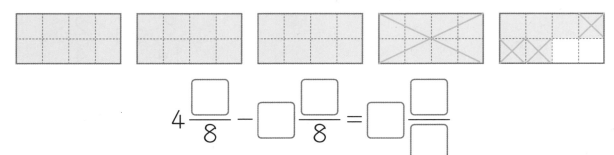

$$4\frac{\boxed{}}{8} - \boxed{}\frac{\boxed{}}{8} = \boxed{}\frac{\boxed{}}{\boxed{}}$$

2. 다음 분수의 뺄셈을 하세요.

❶ $\dfrac{5}{7} - \dfrac{4}{7} =$

❷ $5\dfrac{7}{11} - 1\dfrac{3}{11} =$

❸ $7\dfrac{8}{18} - 6\dfrac{1}{18} =$

3. 뺄셈을 하여 빈칸에 알맞은 분수를 써 보세요.

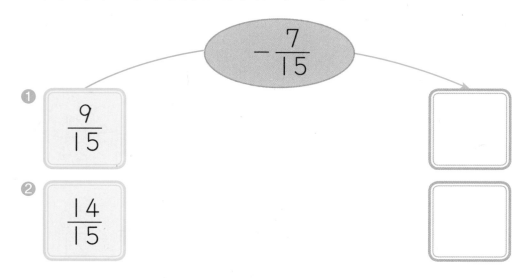

4. ○ 안에 >, =, <를 알맞게 써 보세요.

❶ $\dfrac{11}{13} - \dfrac{6}{13}$ ◯ $\dfrac{6}{13}$　　　　❷ $6\dfrac{9}{18} - 3\dfrac{2}{18}$ ◯ $3\dfrac{6}{18}$

5. 다음 중 차가 $\dfrac{4}{13}$인 두 개의 분수를 찾아 써 보세요.

$$1\dfrac{6}{13} \qquad \dfrac{2}{13} \qquad 2\dfrac{10}{13} \qquad 1\dfrac{9}{13} \qquad 1\dfrac{2}{13}$$

답 _____

6. 소연이는 집에서 학교까지 가는 데 어제는 $9\dfrac{8}{12}$분이 걸렸고, 오늘은 $1\dfrac{2}{12}$분이 덜 걸렸습니다. 소연이가 오늘 집에서 학교까지 가는 데 걸린 시간은 몇 분인지 식을 쓰고 답을 구해 보세요.

식 _____　　답 _____ 분

7. 다음 액자에서 가로는 세로보다 몇 m 더 긴지 식을 쓰고 답을 구해 보세요.

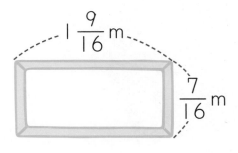

식 _____

답 _____ m

57

자연수에서 분수 빼기, 분모가 같은 대분수끼리 뺄셈

학습 목표

- 자연수에서 진분수, 자연수에서 대분수의 뺄셈을 할 수 있다.
- 분수 부분끼리 뺄 수 없는, 분모가 같은 대분수의 뺄셈을 할 수 있다.

계산력 마스터 표

오늘의 학습 성취도를 매일매일 체크하세요!

집중해서 공부를 하였나요?

학습 결과가 기준을 통과했다면 스티커를 붙여 주세요.

4주	학습 관리		맞은 개수 걸린 시간	통과 기준	계산력 마스터
1일차		개념 이해, 사고셈		학습 완료	👍
2일차	집중 훈련	정확히 풀기	개	13/16개	👍
3일차		빠르게 풀기	분 초	5분 이내	👍
4일차		정확히 풀기	개	13/16개	👍
5일차		빠르게 풀기	분 초	7분 이내	👍
6일차		계산력 완성	개 분 초	8/10개 5분 이내	👍

한 주 동안의 학습을 다 마쳤나요?

틀린 문제까지 다시 풀어 모두 해결했다면  스티커를 붙여 주세요.

자연수에서 분수 빼기, 분모가 같은 대분수끼리 뺄셈

자연수에서 진분수를 빼는 방법에 대해 공부할 거예요. 자연수에서 1만큼을 가분수로 만들어 분수끼리 빼면 돼요. 그리고 분수 부분끼리 뺄 수 없는, 분모가 같은 대분수의 뺄셈도 공부할 거예요. 이때는 대분수를 모두 가분수로 바꾸어 빼면 돼요. 분수의 뺄셈도 충분히 연습해 보세요.

교과 연계 4학년 1학기 4단원 분수의 덧셈과 뺄셈

 고구마 또띠아 피자

◎ 자연수에서 분수 뺄셈하기

- $5-1\dfrac{1}{4}$의 계산

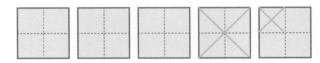

(방법 1) $\quad 5 - 1\dfrac{1}{4} = 4\dfrac{4}{4} - 1\dfrac{1}{4} = (4-1)+\left(\dfrac{4}{4}-\dfrac{1}{4}\right)=3\dfrac{3}{4}$

자연수에서 1만큼을 가분수로 바꾸어 자연수는 자연수끼리, 분수는 분수끼리 뺍니다.

(방법 2) $\quad 5 - 1\dfrac{1}{4} = \dfrac{20}{4} - \dfrac{5}{4} = \dfrac{15}{4} = 3\dfrac{3}{4}$

자연수와 대분수를 모두 가분수로 바꾸어 분자끼리 빼고 계산 결과가 가분수이면 대분수로 바꾸어 나타냅니다.

◎ 분수 부분끼리 뺄 수 없는, 분모가 같은 대분수끼리의 뺄셈하기

- $4\dfrac{1}{4}-2\dfrac{3}{4}$의 계산

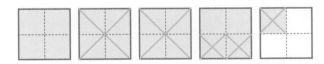

(방법 1) $\quad 4\dfrac{1}{4} - 2\dfrac{3}{4} = 3\dfrac{5}{4} - 2\dfrac{3}{4} = (3-2)+\left(\dfrac{5}{4}-\dfrac{3}{4}\right)= 1 + \dfrac{2}{4} = 1\dfrac{2}{4}$

자연수에서 1만큼을 가분수로 만들어 자연수는 자연수끼리, 분수는 분수끼리 뺍니다.

(방법 2) $\quad 4\dfrac{1}{4} - 2\dfrac{3}{4} = \dfrac{17}{4} - \dfrac{11}{4} = \dfrac{6}{4} = 1\dfrac{2}{4}$

대분수를 모두 가분수로 바꾸어 분자끼리 빼고 계산 결과가 가분수이면 다시 대분수로 나타냅니다.

Tip 계산 결과가 가분수이면 다시 대분수로 바꾸는 연습을 하게 해 주세요.

결과가 같은 카드 찾기

○ 계산 결과가 같은 카드끼리 선으로 이어 보세요.

$$3\frac{2}{9} - 1\frac{5}{9}$$

$$3\frac{7}{9} - 1\frac{4}{9}$$

$$5\frac{8}{9} - 1\frac{3}{9}$$

$$6\frac{2}{9} - 1\frac{6}{9}$$

$$5\frac{1}{9} - 2\frac{7}{9}$$

$$4\frac{8}{9} - 3\frac{2}{9}$$

남은 피자의 양

○ 친구들이 요리 시간에 피자를 2판씩 만들었습니다. 친구들이 말하는 것을 보고, 피자가
얼마나 남았을지 그림을 이용하여 각각 구해 보세요.

→ 재인 :   판   은호 :   판   선주 :   판

○ 그림을 보고, ☐ 안에 알맞은 분수를 써 보세요.

❶

$2 - \dfrac{2}{5} = \boxed{1\dfrac{3}{5}}$

❺

$3 - 1\dfrac{2}{3} = \boxed{}$

❷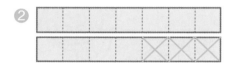

$2 - \dfrac{3}{7} = \boxed{}$

❻

$3 - 1\dfrac{1}{4} = \boxed{}$

❸

$3 - \dfrac{4}{5} = \boxed{}$

❼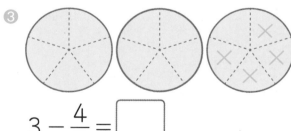

$4 - 2\dfrac{5}{6} = \boxed{}$

❹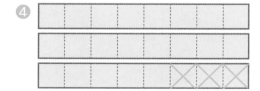

$3 - \dfrac{3}{8} = \boxed{}$

❽

$4 - 1\dfrac{3}{5} = \boxed{}$

◎ □ 안에 알맞은 수를 써 보세요.

① $2 - \dfrac{2}{9} = 1\dfrac{\boxed{9}}{9} - \dfrac{2}{9}$

$= \boxed{1}\dfrac{\boxed{7}}{9}$

⑤ $3 - 1\dfrac{2}{7} = 2\dfrac{\boxed{}}{7} - 1\dfrac{2}{7}$

$= \boxed{}\dfrac{\boxed{}}{7}$

② $5 - \dfrac{3}{5} = 4\dfrac{\boxed{}}{5} - \dfrac{3}{5}$

$= \boxed{}\dfrac{\boxed{}}{5}$

⑥ $5 - 1\dfrac{3}{10} = 4\dfrac{\boxed{}}{10} - 1\dfrac{3}{10}$

$= \boxed{}\dfrac{\boxed{}}{10}$

③ $3 - \dfrac{4}{11} = 2\dfrac{\boxed{}}{11} - \dfrac{4}{11}$

$= \boxed{}\dfrac{\boxed{}}{11}$

⑦ $5 - 2\dfrac{3}{8} = 4\dfrac{\boxed{}}{8} - 2\dfrac{3}{8}$

$= \boxed{}\dfrac{\boxed{}}{8}$

④ $4 - \dfrac{5}{13} = 3\dfrac{\boxed{}}{13} - \dfrac{5}{13}$

$= \boxed{}\dfrac{\boxed{}}{13}$

⑧ $6 - 3\dfrac{5}{12} = 5\dfrac{\boxed{}}{12} - 3\dfrac{5}{12}$

$= \boxed{}\dfrac{\boxed{}}{12}$

65

3일차 자연수에서 분수 빼기 연습

○ □ 안에 알맞은 수를 써 보세요.

① $3 - \dfrac{3}{9} = \dfrac{\boxed{27}}{9} - \dfrac{\boxed{3}}{9}$

$= \dfrac{\boxed{24}}{9} = \boxed{} \dfrac{\boxed{}}{9}$

⑤ $4 - 1\dfrac{5}{7} = \dfrac{\boxed{}}{7} - \dfrac{\boxed{}}{7}$

$= \dfrac{\boxed{}}{7} = \boxed{} \dfrac{\boxed{}}{7}$

② $5 - \dfrac{2}{6} = \dfrac{\boxed{}}{6} - \dfrac{\boxed{}}{6}$

$= \dfrac{\boxed{}}{6} = \boxed{} \dfrac{\boxed{}}{6}$

⑥ $5 - 2\dfrac{2}{10} = \dfrac{\boxed{}}{10} - \dfrac{\boxed{}}{10}$

$= \dfrac{\boxed{}}{10} = \boxed{} \dfrac{\boxed{}}{10}$

③ $4 - \dfrac{2}{3} = \dfrac{\boxed{}}{3} - \dfrac{\boxed{}}{3}$

$= \dfrac{\boxed{}}{3} = \boxed{} \dfrac{\boxed{}}{3}$

⑦ $7 - 2\dfrac{2}{8} = \dfrac{\boxed{}}{8} - \dfrac{\boxed{}}{8}$

$= \dfrac{\boxed{}}{8} = \boxed{} \dfrac{\boxed{}}{8}$

④ $2 - \dfrac{3}{11} = \dfrac{\boxed{}}{11} - \dfrac{\boxed{}}{11}$

$= \dfrac{\boxed{}}{11} = \boxed{} \dfrac{\boxed{}}{11}$

⑧ $5 - 1\dfrac{7}{12} = \dfrac{\boxed{}}{12} - \dfrac{\boxed{}}{12}$

$= \dfrac{\boxed{}}{12} = \boxed{} \dfrac{\boxed{}}{12}$

◉ ☐ 안에 알맞은 수를 써 보세요.

① $4 - \dfrac{5}{6} = \boxed{3}\dfrac{\boxed{1}}{6}$

② $3 - \dfrac{1}{4} = \boxed{2}\dfrac{\boxed{3}}{4}$

③ $7 - \dfrac{4}{5} = \boxed{}\dfrac{\boxed{}}{5}$

④ $3 - \dfrac{2}{12} = \boxed{}\dfrac{\boxed{}}{12}$

⑤ $6 - \dfrac{3}{8} = \boxed{}\dfrac{\boxed{}}{8}$

⑥ $3 - \dfrac{7}{13} = \boxed{}\dfrac{\boxed{}}{13}$

⑦ $2 - \dfrac{6}{15} = \boxed{}\dfrac{\boxed{}}{15}$

⑧ $6 - 3\dfrac{6}{7} = \boxed{}\dfrac{\boxed{}}{7}$

⑨ $8 - 1\dfrac{3}{5} = \boxed{}\dfrac{\boxed{}}{5}$

⑩ $3 - 1\dfrac{7}{9} = \boxed{}\dfrac{\boxed{}}{9}$

⑪ $7 - 2\dfrac{7}{10} = \boxed{}\dfrac{\boxed{}}{10}$

⑫ $4 - 1\dfrac{6}{11} = \boxed{}\dfrac{\boxed{}}{11}$

⑬ $9 - 3\dfrac{7}{20} = \boxed{}\dfrac{\boxed{}}{20}$

⑭ $5 - 1\dfrac{7}{22} = \boxed{}\dfrac{\boxed{}}{22}$

67

4일차 분수 부분끼리 뺄 수 없는 분모가 같은 대분수끼리 뺄셈

○ □ 안에 알맞은 수를 써 보세요.

① $4\dfrac{1}{4} - \dfrac{3}{4} = \dfrac{\boxed{17}}{4} - \dfrac{\boxed{3}}{4}$

$= \dfrac{\boxed{14}}{4} = \boxed{3}\dfrac{\boxed{2}}{4}$

⑤ $4\dfrac{5}{7} - 1\dfrac{6}{7} = \dfrac{\boxed{}}{7} - \dfrac{\boxed{}}{7}$

$= \dfrac{\boxed{}}{7} = \boxed{}\dfrac{\boxed{}}{7}$

② $3\dfrac{3}{9} - \dfrac{8}{9} = \dfrac{\boxed{}}{9} - \dfrac{\boxed{}}{9}$

$= \dfrac{\boxed{}}{9} = \boxed{}\dfrac{\boxed{}}{9}$

⑥ $6\dfrac{1}{8} - 3\dfrac{7}{8} = \dfrac{\boxed{}}{8} - \dfrac{\boxed{}}{8}$

$= \dfrac{\boxed{}}{8} = \boxed{}\dfrac{\boxed{}}{8}$

③ $4\dfrac{2}{5} - \dfrac{4}{5} = \dfrac{\boxed{}}{5} - \dfrac{\boxed{}}{5}$

$= \dfrac{\boxed{}}{5} = \boxed{}\dfrac{\boxed{}}{5}$

⑦ $5\dfrac{2}{10} - 2\dfrac{9}{10} = \dfrac{\boxed{}}{10} - \dfrac{\boxed{}}{10}$

$= \dfrac{\boxed{}}{10} = \boxed{}\dfrac{\boxed{}}{10}$

④ $2\dfrac{3}{11} - \dfrac{9}{11} = \dfrac{\boxed{}}{11} - \dfrac{\boxed{}}{11}$

$= \dfrac{\boxed{}}{11} = \boxed{}\dfrac{\boxed{}}{11}$

⑧ $5\dfrac{7}{16} - 1\dfrac{12}{16} = \dfrac{\boxed{}}{16} - \dfrac{\boxed{}}{16}$

$= \dfrac{\boxed{}}{16} = \boxed{}\dfrac{\boxed{}}{16}$

○ □ 안에 알맞은 수를 써 보세요.

① $3\dfrac{2}{5} - \dfrac{4}{5} = 2\dfrac{\boxed{7}}{5} - \dfrac{4}{5}$

$\qquad\qquad = \boxed{2}\dfrac{\boxed{3}}{5}$

⑤ $3\dfrac{2}{7} - 1\dfrac{6}{7} = 2\dfrac{\boxed{}}{7} - 1\dfrac{6}{7}$

$\qquad\qquad = \boxed{}\dfrac{\boxed{}}{7}$

② $4\dfrac{1}{3} - \dfrac{2}{3} = 3\dfrac{\boxed{4}}{3} - \dfrac{2}{3}$

$\qquad\qquad = \boxed{3}\dfrac{\boxed{2}}{3}$

⑥ $4\dfrac{1}{8} - 1\dfrac{7}{8} = 3\dfrac{\boxed{}}{8} - 1\dfrac{7}{8}$

$\qquad\qquad = \boxed{}\dfrac{\boxed{}}{8}$

③ $2\dfrac{2}{9} - \dfrac{7}{9} = 1\dfrac{\boxed{}}{9} - \dfrac{7}{9}$

$\qquad\qquad = \boxed{}\dfrac{\boxed{}}{9}$

⑦ $5\dfrac{3}{10} - 1\dfrac{7}{10} = 4\dfrac{\boxed{}}{10} - 1\dfrac{7}{10}$

$\qquad\qquad = \boxed{}\dfrac{\boxed{}}{10}$

④ $3\dfrac{2}{11} - \dfrac{7}{11} = 2\dfrac{\boxed{}}{11} - \dfrac{7}{11}$

$\qquad\qquad = \boxed{}\dfrac{\boxed{}}{11}$

⑧ $5\dfrac{5}{12} - 3\dfrac{8}{12} = 4\dfrac{\boxed{}}{12} - 3\dfrac{8}{12}$

$\qquad\qquad = \boxed{}\dfrac{\boxed{}}{12}$

○ 다음 분수의 뺄셈을 하여 대분수로 나타내어 보세요.

① $5 - \dfrac{2}{5} =$

② $4 - \dfrac{2}{9} =$

③ $2 - \dfrac{4}{12} =$

④ $3 - \dfrac{9}{10} =$

⑤ $3 - \dfrac{9}{11} =$

⑥ $5 - \dfrac{5}{7} =$

⑦ $3 - \dfrac{8}{20} =$

⑧ $5 - \dfrac{4}{15} =$

⑨ $3\dfrac{2}{4} - 1\dfrac{3}{4} =$

⑩ $3\dfrac{2}{8} - 1\dfrac{3}{8} =$

⑪ $4\dfrac{3}{7} - 1\dfrac{5}{7} =$

⑫ $4\dfrac{2}{10} - 1\dfrac{7}{10} =$

⑬ $6\dfrac{5}{11} - 1\dfrac{10}{11} =$

⑭ $4\dfrac{4}{20} - 2\dfrac{9}{20} =$

⑮ $3\dfrac{5}{30} - 1\dfrac{28}{30} =$

⑯ $5\dfrac{2}{13} - 1\dfrac{7}{13} =$

○ 계산 결과를 보고, □ 안에 알맞은 대분수를 써 보세요.

❶ $\boxed{} + \dfrac{6}{8} = 3$

❷ $\boxed{} + \dfrac{3}{4} = 5$

❸ $\boxed{} + \dfrac{2}{9} = 6$

❹ $\boxed{} + \dfrac{2}{10} = 5$

❺ $\boxed{} + \dfrac{3}{12} = 2$

❻ $\boxed{} + \dfrac{6}{15} = 3$

❼ $\boxed{} + \dfrac{6}{11} = 3$

❽ $\boxed{} + \dfrac{7}{12} = 3$

❾ $\boxed{} + \dfrac{4}{5} = 6\dfrac{1}{5}$

❿ $\boxed{} + \dfrac{7}{8} = 4\dfrac{1}{8}$

⓫ $\boxed{} + 2\dfrac{4}{5} = 4\dfrac{1}{5}$

⓬ $\boxed{} + 2\dfrac{2}{7} = 6\dfrac{1}{7}$

⓭ $\boxed{} + 2\dfrac{7}{8} = 8\dfrac{2}{8}$

⓮ $\boxed{} + 2\dfrac{9}{10} = 5\dfrac{2}{10}$

⓯ $\boxed{} + 1\dfrac{5}{12} = 3\dfrac{3}{12}$

⓰ $\boxed{} + 2\dfrac{6}{11} = 5\dfrac{3}{11}$

71

6일차 자연수에서 분수 빼기, 분모가 같은 대분수끼리 뺄셈

1. 그림을 보고, □ 안에 알맞은 수를 써 보세요.

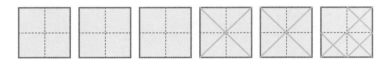

$$6 - \boxed{}\frac{\boxed{}}{4} = 5\frac{\boxed{}}{4} - \boxed{}\frac{\boxed{}}{4} = \boxed{}\frac{\boxed{}}{\boxed{}}$$

2. 다음 분수의 뺄셈을 하여 대분수로 나타내어 보세요.

❶ $4 - \dfrac{5}{8} =$

❷ $6\dfrac{7}{10} - 3\dfrac{9}{10} =$

3. 뺄셈을 하여 빈칸에 알맞은 답을 대분수로 나타내어 보세요.

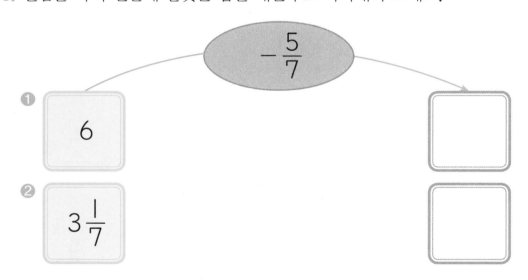

4. 계산 결과를 비교하여 ○ 안에 >, =, <를 알맞게 써 보세요.

❶ $3 - \dfrac{7}{9} \bigcirc 1\dfrac{3}{9} + \dfrac{8}{9}$

❷ $5 - 1\dfrac{3}{4} \bigcirc 3\dfrac{3}{4} + \dfrac{2}{4}$

5. 다음 중 두 분수를 빼서 차가 가장 큰 대분수를 만들어 보세요.

$$1\frac{2}{7} \qquad \frac{5}{7} \qquad 3\frac{2}{7} \qquad 1\frac{1}{7} \qquad 2\frac{4}{7}$$

답 _____

6. 5m의 리본을 모두 사용하여 작은 상자와 큰 상자를 꾸몄습니다. 작은 상자를 꾸미는 데 $1\frac{7}{8}$m를 사용했다면 큰 상자를 꾸미는 데 사용된 리본은 몇 m일지 답을 대분수로 나타내어 보세요.

식 _____

답 _____ m

7. 치즈케이크가 4조각 있습니다. 그중 소현이가 $1\frac{2}{5}$조각을 먹고, 찬호가 $1\frac{4}{5}$조각을 먹었습니다. 남은 치즈케이크는 몇 조각인지 식을 쓰고 답을 구해 보세요.

식 _____

답 _____ 조각

73

5주

소수 한 자리 수의 덧셈, 소수 두 자리 수의 덧셈

학습 목표

- 소수를 이해하여 쓰고 읽을 수 있다.
- 분수와 소수의 관계를 알 수 있다.
- 소수 한 자리 수의 덧셈 계산 원리를 이해하고 계산을 할 수 있다.
- 소수 두 자리 수의 덧셈 계산 원리를 이해하고 계산을 할 수 있다.

계산력 마스터 표

오늘의 학습 성취도를 매일매일 체크하세요!

집중해서 공부를 하였나요?
학습 결과가 기준을 통과했다면 👍 스티커를 붙여 주세요.

5주	학습 관리		맞은 개수 걸린 시간	통과 기준	계산력 마스터
1일차		개념 이해, 사고셈		학습 완료	👍
2일차		정확히 풀기	개	13/16개	👍
3일차	집중 훈련	빠르게 풀기	분 초	3분 이내	👍
4일차		정확히 풀기	개	13/16개	👍
5일차		빠르게 풀기	분 초	4분 이내	👍
6일차		계산력 완성	개 분 초	8/10개 4분 이내	👍

한 주 동안의 학습을 다 마쳤나요?
틀린 문제까지 다시 풀어 모두 해결했다면 스티커를 붙여 주세요.

소수 한 자리 수의 덧셈, 소수 두 자리 수의 덧셈

소수 한 자리 수의 덧셈, 소수 두 자리 수의 덧셈의 계산 방법에 대해 공부할 거예요. 소수끼리 더할 때는 소수점의 자리를 맞추는 것이 가장 중요해요. 소수점의 위치를 주의하면서 덧셈을 충분히 연습하세요.

교과 연계 3학년 1학기 6단원 분수와 소수
4학년 2학기 1단원 소수의 덧셈과 뺄셈

 백설기를 좋아하는 토끼와 여우 ①

◎ 소수 알기/분수와 소수의 관계 알기

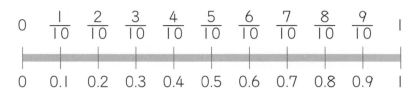

전체를 똑같이 10으로 나눈 것 중의 1, 2, 3……, 9는 $\frac{1}{10}$, $\frac{2}{10}$, $\frac{3}{10}$……, $\frac{9}{10}$입니다. 분수 $\frac{1}{10}$, $\frac{2}{10}$……, $\frac{9}{10}$는 0.1, 0.2……, 0.9라고 쓰고, 영점 일, 영점 이……, 영점 구라고 읽습니다. 이와 같은 수를 소수라 하고, '.'을 소수점이라고 합니다.

◎ 소수 한 자리 수끼리의 덧셈하기

• 0.8+0.6의 계산

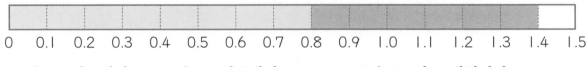

0.8은 0.1이 8개이고, 0.6은 0.1이 6개이므로 0.8+0.6은 0.1이 14개입니다.

→ 0.8+0.6=1.4

◎ 소수 두 자리 수끼리의 덧셈하기

• 0.65+0.18의 계산

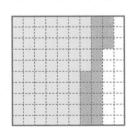

100 중에 65칸은 $\frac{65}{100}$이고 0.65입니다. 100 중에 18칸은 $\frac{18}{100}$이고, 0.18입니다.

0.65는 0.01이 65개이고 0.18은 0.01이 18개이므로 0.65+0.18은 0.01이 83개입니다.

→ 0.65+0.18=0.83

◎ 세로셈으로 덧셈하기

① 소수점의 자리를 맞추어 두 소수를 세로로 씁니다.

② 자연수의 덧셈과 같은 방법으로 계산합니다. 이때, 받아올림이 있을 경우 윗자리로 올려 함께 더해 줍니다.

③ 소수점을 그대로 내려 찍습니다.

• 0.8+0.6의 계산

		1	
	0.	8	
+	0.	6	
	1.	4	

• 0.65+0.18의 계산

		1	
	0.	6	5
+	0.	1	8
	0.	8	3

다람쥐와 토끼가 깡충깡충

◦ 다람쥐는 0.2가 적힌 징검다리부터 0.2씩 커지는 수를 따라 건너가고, 토끼는 0.3이 적힌 징검다리부터 0.2씩 커지는 수를 따라 건너가요. 토끼와 다람쥐가 어떤 징검다리를 밟고 건너가는지 선으로 이어 보세요.

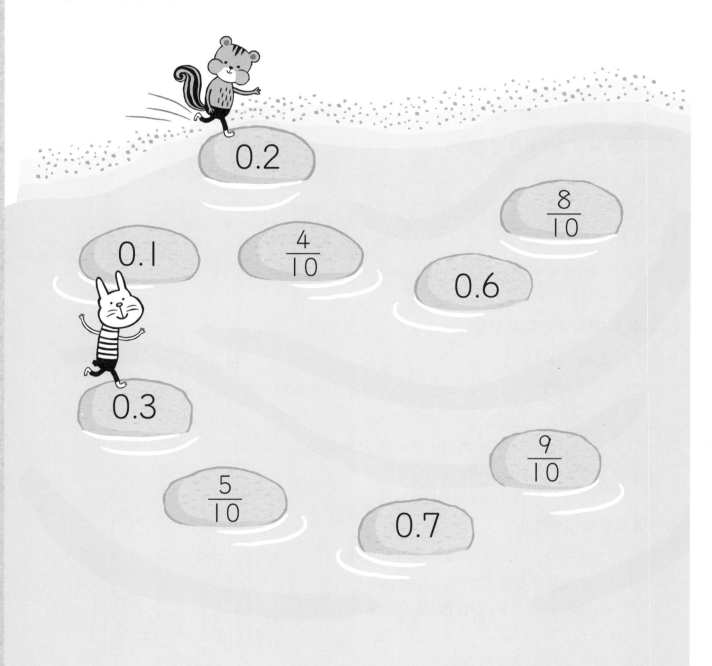

덧셈식 완성하기

○ 주어진 덧셈식이 성립하도록 다음 소수 카드를 놓아 보세요.

| 0.21 | 0.22 | 0.23 | 0.24 | 0.32 | 0.34 |

$\frac{23}{100}$ + [ ] = 0.47

$\frac{18}{100}$ + [ ] = 0.39

$\frac{52}{100}$ + [ ] = 0.86

$\frac{62}{100}$ + [ ] = 0.84

○ 그림을 보고, □ 안에 알맞은 소수를 써 보세요.

❶

0.3 + □ = □

❷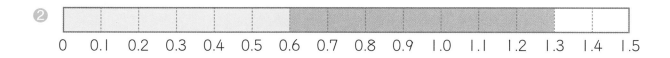

0.6 + □ = □

❸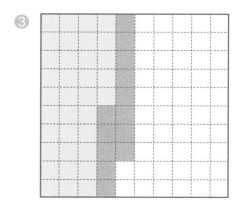

0.35 + □ = □

❹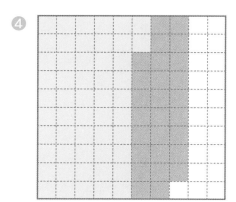

0.52 + □ = □

○ 다음 소수의 덧셈을 하세요.

❶
```
  0. 4
+ 0. 4
  0. 8
```

❺
```
  0. 8
+ 0. 4
```

❾
```
  0. 5 7
+ 0. 2 5
```

❷
```
  0. 3
+ 0. 6
```

❻
```
  0. 6
+ 0. 6
```

❿
```
  0. 4 6
+ 0. 2 7
```

❸
```
  0. 7
+ 0. 2
```

❼
```
  0. 2 1
+ 0. 2 5
```

⓫
```
  0. 9 6
+ 0. 2 2
```

❹
```
  0. 7
+ 0. 4
```

❽
```
  0. 3 6
+ 0. 1 3
```

⓬
```
  0. 6 4
+ 0. 7 2
```

○ 다음 소수의 덧셈을 하세요.

①   0.3
  + 0.3

②   0.5
  + 0.4

③   0.2
  + 0.3

④   0.4
  + 0.2

⑤   0.8
  + 0.1

⑥   0.6
  + 0.3

⑦   0.8
  + 0.3

⑧   0.5
  + 0.8

⑨   0.7
  + 0.7

⑩   0.9
  + 0.5

⑪   0.8
  + 0.8

⑫   0.4
  + 0.7

⑬   0.9
  + 0.3

⑭   0.6
  + 0.7

⑮   0.8
  + 0.9

◯ 다음 소수의 덧셈을 하세요.

❶
$$\begin{array}{r} 0.33 \\ +\,0.56 \\ \hline \end{array}$$

❷
$$\begin{array}{r} 0.27 \\ +\,0.61 \\ \hline \end{array}$$

❸
$$\begin{array}{r} 0.35 \\ +\,0.46 \\ \hline \end{array}$$

❹
$$\begin{array}{r} 0.27 \\ +\,0.37 \\ \hline \end{array}$$

❺
$$\begin{array}{r} 0.18 \\ +\,0.45 \\ \hline \end{array}$$

❻
$$\begin{array}{r} 0.66 \\ +\,0.29 \\ \hline \end{array}$$

❼
$$\begin{array}{r} 0.85 \\ +\,0.73 \\ \hline \end{array}$$

❽
$$\begin{array}{r} 0.72 \\ +\,0.44 \\ \hline \end{array}$$

❾
$$\begin{array}{r} 0.37 \\ +\,0.91 \\ \hline \end{array}$$

❿
$$\begin{array}{r} 0.45 \\ +\,0.78 \\ \hline \end{array}$$

⓫
$$\begin{array}{r} 0.66 \\ +\,0.53 \\ \hline \end{array}$$

⓬
$$\begin{array}{r} 0.56 \\ +\,0.79 \\ \hline \end{array}$$

⓭
$$\begin{array}{r} 0.49 \\ +\,0.85 \\ \hline \end{array}$$

⓮
$$\begin{array}{r} 0.67 \\ +\,0.36 \\ \hline \end{array}$$

⓯
$$\begin{array}{r} 0.53 \\ +\,0.78 \\ \hline \end{array}$$

4일차 소수 한 자리 수, 두 자리 수 덧셈 연습

◯ 세로셈으로 바꾸어 쓰고, 소수의 덧셈을 하세요.

❶ 0.5＋0.2

```
    0.5
 +  0.2
 ───────
    0.7
```

❷ 0.3＋0.1

❸ 0.5＋0.7

❹ 0.8＋0.8

❺ 0.9＋0.7

❻ 0.6＋0.7

❼ 0.9＋0.9

❽ 0.5＋0.8

○ 세로셈으로 바꾸어 쓰고, 소수의 덧셈을 하세요.

❶ 0.35＋0.23

```
  0. 3 5
+ 0. 2 3
─────────
  0. 5 8
```

❺ 0.77＋0.42

❷ 0.53＋0.24

❻ 0.88＋0.41

❸ 0.56＋0.25

❼ 0.92＋0.19

❹ 0.65＋0.18

❽ 0.67＋0.75

5일차 소수 두 자리 수의 덧셈 / □ 안의 수 구하기

○ 다음 소수의 덧셈을 하세요.

① $0.18 + 0.51 =$

② $0.25 + 0.62 =$

③ $0.33 + 0.56 =$

④ $0.42 + 0.39 =$

⑤ $0.29 + 0.32 =$

⑥ $0.56 + 0.29 =$

⑦ $0.74 + 0.15 =$

⑧ $0.24 + 0.68 =$

⑨ $0.54 + 0.83 =$

⑩ $0.62 + 0.73 =$

⑪ $0.82 + 0.95 =$

⑫ $0.74 + 0.97 =$

⑬ $0.95 + 0.27 =$

⑭ $0.68 + 0.55 =$

⑮ $0.89 + 0.36 =$

⑯ $0.55 + 0.78 =$

◉ 계산 결과를 보고, ☐ 안에 알맞은 소수를 써 보세요.

❶
$$\begin{array}{r} \boxed{} \\ -\ 0.23 \\ \hline 0.55 \end{array}$$

❺
$$\begin{array}{r} \boxed{} \\ -\ 0.45 \\ \hline 0.23 \end{array}$$

❾
$$\begin{array}{r} \boxed{} \\ -\ 0.62 \\ \hline 0.33 \end{array}$$

❷
$$\begin{array}{r} \boxed{} \\ -\ 0.28 \\ \hline 0.91 \end{array}$$

❻
$$\begin{array}{r} \boxed{} \\ -\ 0.57 \\ \hline 0.81 \end{array}$$

❿
$$\begin{array}{r} \boxed{} \\ -\ 0.63 \\ \hline 0.54 \end{array}$$

❸
$$\begin{array}{r} \boxed{} \\ -\ 0.83 \\ \hline 0.58 \end{array}$$

❼
$$\begin{array}{r} \boxed{} \\ -\ 0.78 \\ \hline 0.45 \end{array}$$

⓫
$$\begin{array}{r} \boxed{} \\ -\ 0.89 \\ \hline 0.23 \end{array}$$

❹
$$\begin{array}{r} \boxed{} \\ -\ 0.28 \\ \hline 0.94 \end{array}$$

❽
$$\begin{array}{r} \boxed{} \\ -\ 0.48 \\ \hline 0.93 \end{array}$$

⓬
$$\begin{array}{r} \boxed{} \\ -\ 0.67 \\ \hline 0.82 \end{array}$$

1. 그림을 보고, ☐ 안에 알맞은 소수를 써 보세요.

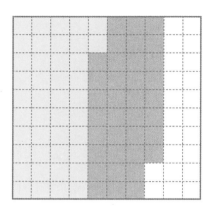

$$0.42 + \boxed{} = \boxed{}$$

2. 다음 소수의 덧셈을 하세요.

❶
```
   0. 5 3
 + 0. 2 6
```

❷
```
   0. 8 2
 + 0. 3 9
```

3. 계산 결과가 같은 것끼리 선으로 이어 보세요.

❶ 0.35+0.12 •   • 0.48+0.25

❷ 0.55+0.18 •   • 0.36+0.55

❸ 0.68+0.23 •   • 0.24+0.23

맞은 개수   개 [통과 기준: 8개 이상]
걸린 시간   분   초 [통과 기준: 4분 이내]
월   일

4. 계산 결과를 비교하여 ○ 안에 >, =, <를 알맞게 써 보세요.

$$0.23+0.45 \quad \bigcirc \quad 0.18+0.49$$

5. 계산 결과를 보고, □ 안에 알맞은 소수를 써 보세요.

$$\boxed{} - 0.65 = 0.29$$

답 _____

6. 나희는 우유를 0.45L를 마셨고, 진우는 우유를 0.36L 마셨습니다. 두 사람이 마신 우유는 모두 몇 L인지 식을 쓰고 답을 구해 보세요.

식 _____

답 _____ L

7. 작은 상자를 포장하는 데 리본을 0.37m 사용했고, 큰 상자를 포장하는 데 작은 상자보다 리본을 0.12m 더 사용했습니다. 두 상자를 포장하는 데 사용한 리본의 길이의 합은 몇 m인지 식을 쓰고 답을 구해 보세요.

식 _____

답 _____ m

소수 한 자리 수의 뺄셈, 소수 두 자리 수의 뺄셈

학습 목표

- 소수 한 자리 수의 뺄셈 계산 원리를 이해하고 계산을 할 수 있다.
- 소수 두 자리 수의 뺄셈 계산 원리를

  이해하고 계산을 할 수 있다.

계산력 마스터 표

오늘의 학습 성취도를 매일매일 체크하세요!

집중해서 공부를 하였나요?

학습 결과가 기준을 통과했다면 스티커를 붙여 주세요.

6주	학습 관리		맞은 개수 걸린 시간	통과 기준	계산력 마스터
1일차		개념 이해, 사고셈		학습 완료	
2일차	집중 훈련	정확히 풀기	개	13/16개	
3일차		빠르게 풀기	분　초	3분 이내	
4일차		정확히 풀기	개	13/16개	
5일차		빠르게 풀기	분　초	4분 이내	
6일차		계산력 완성	개 분　초	8/10개 3분 이내	

한 주 동안의 학습을 다 마쳤나요?

틀린 문제까지 다시 풀어 모두 해결했다면  스티커를 붙여 주세요.

소수 한 자리 수의 뺄셈, 소수 두 자리 수의 뺄셈

소수 한 자리 수의 뺄셈, 소수 두 자리 수의 뺄셈의 계산 방법에 대해 공부할 거예요. 소수끼리 뺄 때도 덧셈과 마찬가지로 소수점의 자리를 맞추는 것이 가장 중요해요. 소수점의 위치에 주의하면서 소수의 뺄셈을 충분히 연습해 보세요.

교과 연계 4학년 2학기 1단원 소수의 덧셈과 뺄셈

 백설기를 좋아하는 토끼와 여우 ②

● 소수 한 자리 수끼리의 뺄셈하기

• 0.8−0.6의 계산

0.8은 0.1이 8개이고 0.6은 0.1이 6개입니다. 0.8−0.6은 0.8만큼 색칠한 다음 0.6만큼 ×표를 합니다. 따라서 남은 부분은 0.1이 2개인 0.2입니다.

➡ 0.8−0.6 = 0.2

● 소수 두 자리 수끼리의 뺄셈 알아보기

• 0.65−0.18의 계산

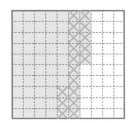 100 중에 65칸은 $\dfrac{65}{100}$이고 0.65입니다. 100 중에 18칸은 $\dfrac{18}{100}$이고, 0.18입니다.

0.65는 0.01이 65개이고 0.18은 0.01이 18개이므로 0.65−0.18은 0.01이 47개입니다.

➡ 0.65−0.18 = 0.47

● 세로셈으로 뺄셈하기

① 소수점의 자리를 맞추어 두 소수를 세로로 씁니다.

② 자연수의 뺄셈과 같은 방법으로 계산합니다. 이때, 받아내림이 필요한 경우, 윗자리에서 받아내림하여 빼 줍니다.

③ 소수점을 그대로 내려 찍습니다.

• 0.8−0.6의 계산

```
    0. 8
 −  0. 6
    0. 2
```

• 0.65−0.18의 계산

```
       5  10
    0. 6  5
 −  0. 1  8
    0. 4  7
```

Tip 소수의 뺄셈은 소수점의 자리를 맞추어 자연수의 덧셈과 같은 방법으로 계산해요!

초콜릿 무게 맞추기

○ 초콜릿의 무게를 적었습니다. 그런데 고장 난 저울을 사용해서 0.3kg씩 더 무겁게 나왔다는 것을 알게 되었습니다. 정확한 초콜릿의 무게를 써 보세요.

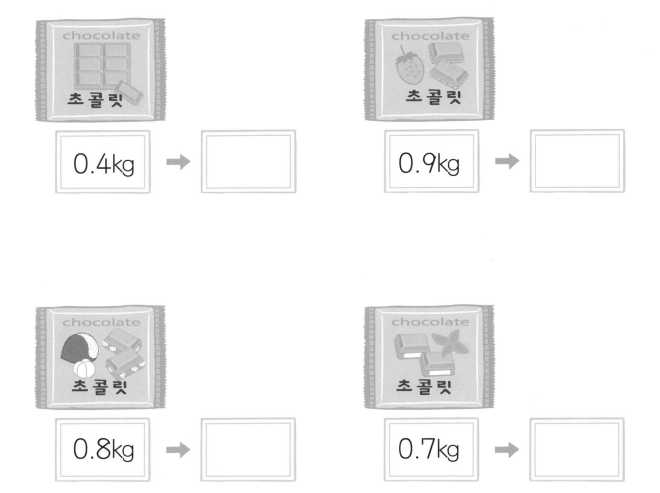

초콜릿 0.4kg ➡

초콜릿 0.9kg ➡

초콜릿 0.8kg ➡

초콜릿 0.7kg ➡

뺄셈식 완성하기

○ 주어진 뺄셈식이 성립하도록 다음 소수 카드를 놓아 보세요.

| 0.41 | 0.42 | 0.44 | 0.51 | 0.52 | 0.54 |

$\dfrac{76}{100}$ − ☐ = 0.32

$\dfrac{74}{100}$ − ☐ = 0.23

$\dfrac{58}{100}$ − ☐ = 0.17

$\dfrac{69}{100}$ − ☐ = 0.27

○ 그림을 보고, □ 안에 알맞은 소수를 써 보세요.

❶

$$0.7 - \boxed{} = \boxed{}$$

❷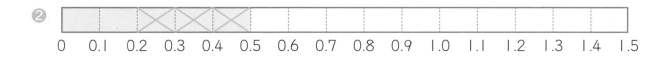

$$0.5 - \boxed{} = \boxed{}$$

❸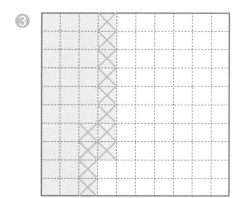

$$0.38 - \boxed{} = \boxed{}$$

❹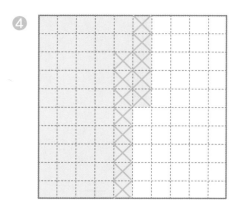

$$0.55 - \boxed{} = \boxed{}$$

○ 다음 소수의 뺄셈을 하세요.

①

```
  0. 4
- 0. 1
  0. 3
```

⑤

```
  0. 8
- 0. 2
```

⑨

```
  0. 8 7
- 0. 3 8
```

②

```
  0. 5
- 0. 2
```

⑥

```
  0. 9
- 0. 3
```

⑩

```
  0. 8 6
- 0. 4 8
```

③

```
  0. 7
- 0. 5
```

⑦

```
  0. 5 4
- 0. 1 3
```

⑪

```
  0. 9 1
- 0. 3 3
```

④

```
  0. 9
- 0. 8
```

⑧

```
  0. 6 3
- 0. 5 1
```

⑫

```
  0. 7 1
- 0. 5 2
```

○ 다음 소수의 뺄셈을 하세요.

①
$$\begin{array}{r} 0.9 \\ -\ 0.7 \\ \hline \end{array}$$

②
$$\begin{array}{r} 0.6 \\ -\ 0.1 \\ \hline \end{array}$$

③
$$\begin{array}{r} 0.8 \\ -\ 0.7 \\ \hline \end{array}$$

④
$$\begin{array}{r} 0.7 \\ -\ 0.2 \\ \hline \end{array}$$

⑤
$$\begin{array}{r} 0.5 \\ -\ 0.1 \\ \hline \end{array}$$

⑥
$$\begin{array}{r} 0.86 \\ -\ 0.44 \\ \hline \end{array}$$

⑦
$$\begin{array}{r} 0.98 \\ -\ 0.37 \\ \hline \end{array}$$

⑧
$$\begin{array}{r} 0.75 \\ -\ 0.34 \\ \hline \end{array}$$

⑨
$$\begin{array}{r} 0.66 \\ -\ 0.34 \\ \hline \end{array}$$

⑩
$$\begin{array}{r} 0.89 \\ -\ 0.37 \\ \hline \end{array}$$

⑪
$$\begin{array}{r} 0.97 \\ -\ 0.66 \\ \hline \end{array}$$

⑫
$$\begin{array}{r} 0.59 \\ -\ 0.27 \\ \hline \end{array}$$

⑬
$$\begin{array}{r} 0.89 \\ -\ 0.16 \\ \hline \end{array}$$

⑭
$$\begin{array}{r} 0.73 \\ -\ 0.61 \\ \hline \end{array}$$

⑮
$$\begin{array}{r} 0.86 \\ -\ 0.33 \\ \hline \end{array}$$

○ 다음 소수의 뺄셈을 하세요.

① 　0. 5 4
　－0. 2 7

② 　0. 6 2
　－0. 3 5

③ 　0. 3 5
　－0. 1 9

④ 　0. 9 5
　－0. 1 7

⑤ 　0. 5 2
　－0. 2 8

⑥ 　0. 7 2
　－0. 1 8

⑦ 　0. 9 2
　－0. 6 6

⑧ 　0. 7 5
　－0. 2 7

⑨ 　0. 7 1
　－0. 5 8

⑩ 　0. 8 8
　－0. 3 9

⑪ 　0. 6 6
　－0. 2 9

⑫ 　0. 5 3
　－0. 2 7

⑬ 　0. 8 1
　－0. 1 9

⑭ 　0. 5 2
　－0. 2 3

⑮ 　0. 3 3
　－0. 1 7

4일차 정확히 풀기
소수 한 자리 수, 두 자리 수 뺄셈 연습

세로셈으로 바꾸어 쓰고, 소수의 뺄셈을 하세요.

❶ 0.7−0.6

$$\begin{array}{r} 0.7 \\ -\ 0.6 \\ \hline 0.1 \end{array}$$

❷ 0.8−0.4

❸ 0.6−0.3

❹ 0.58−0.24

❺ 0.35−0.13

❻ 0.64−0.33

❼ 0.76−0.44

❽ 0.97−0.16

○ 세로셈으로 바꾸어 쓰고, 소수의 뺄셈을 하세요.

❶ 0.81 − 0.63

$$
\begin{array}{r}
0.8\ 1 \\
-\ 0.6\ 3 \\
\hline
0.1\ 8
\end{array}
$$

❷ 0.52 − 0.28

❸ 0.43 − 0.18

❹ 0.72 − 0.45

❺ 0.67 − 0.28

❻ 0.56 − 0.38

❼ 0.92 − 0.37

❽ 0.44 − 0.28

○ 다음 소수의 뺄셈을 하세요.

① $0.67 - 0.43 =$

② $0.76 - 0.32 =$

③ $0.88 - 0.52 =$

④ $0.96 - 0.42 =$

⑤ $0.45 - 0.23 =$

⑥ $0.82 - 0.71 =$

⑦ $0.63 - 0.42 =$

⑧ $0.97 - 0.56 =$

⑨ $0.74 - 0.45 =$

⑩ $0.82 - 0.47 =$

⑪ $0.92 - 0.73 =$

⑫ $0.66 - 0.38 =$

⑬ $0.42 - 0.28 =$

⑭ $0.47 - 0.29 =$

⑮ $0.55 - 0.39 =$

⑯ $0.71 - 0.49 =$

◎ 계산 결과를 보고, ☐ 안에 알맞은 소수를 써 보세요.

❶
```
  0. 2 4
+ [    ]
-------
  0. 5 7
```

❺
```
  0. 4 3
+ [    ]
-------
  0. 8 9
```

❾
```
  0. 2 4
+ [    ]
-------
  0. 6 5
```

❷
```
  0. 3 5
+ [    ]
-------
  0. 7 2
```

❻
```
  0. 5 6
+ [    ]
-------
  0. 8 2
```

❿
```
  0. 4 7
+ [    ]
-------
  0. 6 1
```

❸
```
  [    ]
+ 0. 6 6
-------
  0. 8 2
```

❼
```
  [    ]
+ 0. 3 4
-------
  0. 7 1
```

⓫
```
  [    ]
+ 0. 5 3
-------
  0. 8 2
```

❹
```
  [    ]
+ 0. 2 5
-------
  0. 7 3
```

❽
```
  [    ]
+ 0. 3 6
-------
  0. 8 5
```

⓬
```
  [    ]
+ 0. 3 8
-------
  0. 6 4
```

1. 그림을 보고, □ 안에 알맞은 소수를 써 보세요.

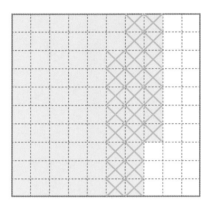

$$0.77 - \boxed{} = \boxed{}$$

2. 다음 소수의 뺄셈을 하세요.

❶
```
   0. 5 9
-  0. 1 6
```

❷
```
   0. 8 2
-  0. 2 9
```

3. 계산 결과가 같은 것끼리 선으로 이어 보세요.

❶ 0.45 − 0.13 •   • 0.41 + 0.22

❷ 0.98 − 0.17 •   • 0.17 + 0.15

❸ 0.75 − 0.12 •   • 0.67 + 0.14

4. 계산 결과를 비교하여 ○ 안에 >, =, <를 알맞게 써 보세요.

0.76−0.12 0.96−0.28

5. 계산 결과를 보고, ☐ 안에 알맞은 소수를 써 보세요.

0.19+☐=0.86

 답 _____

6. 두 리본의 길이의 차는 몇 m인지 식을 쓰고 답을 구해 보세요.

0.45m

0.62m

 식 _____ 답 _____ m

7. 담장을 페인트 칠하고 빨간 페인트는 0.24L가 남았고, 파란 페인트는 0.53L가 남았습니다. 파란 페인트는 빨간 페인트보다 몇 L 더 남았는지 식을 쓰고 답을 구해 보세요.

 식 _____ 답 _____ L

1보다 큰 소수 두 자리 수의 덧셈과 뺄셈

학습 목표

• 1보다 큰 소수 두 자리 수의 덧셈 계산 원리를 이해하고 계산을 할 수 있다.

• 1보다 큰 소수 두 자리 수의 뺄셈 계산 원리를

이해하고 계산을 할 수 있다.

계산력 마스터 표

오늘의 학습 성취도를 매일매일 체크하세요!

집중해서 공부를 하였나요?

학습 결과가 기준을 통과했다면 👍 스티커를 붙여 주세요.

7주	학습 관리		맞은 개수 걸린 시간	통과 기준	계산력 마스터
1일차		개념 이해, 사고셈		학습 완료	👍
2일차	집중 훈련	정확히 풀기	개	14/17개	👍
3일차		빠르게 풀기	분 초	4분 이내	👍
4일차		정확히 풀기	개	13/16개	👍
5일차		빠르게 풀기	분 초	5분 이내	👍
6일차		계산력 완성	개 분 초	12/15개 5분 이내	👍

한 주 동안의 학습을 다 마쳤나요?

틀린 문제까지 다시 풀어 모두 해결했다면 스티커를 붙여 주세요.

1보다 큰 소수 두 자리 수의 덧셈과 뺄셈

1보다 큰 소수 두 자리 수의 덧셈과 뺄셈 계산 방법에 대해 공부할 거예요. 소수점의 자리를 맞추고 소수 둘째 자리 숫자끼리, 소수 첫째 자리 숫자끼리, 자연수끼리 계산하면 돼요. 계산 결과에 소수점을 찍는 것을 잊으면 안 돼요!

교과 연계 4학년 2학기 1단원 소수의 덧셈과 뺄셈

 블루베리 잼 만들기

◉ 1보다 큰 소수 두 자리 수끼리의 덧셈/세로셈으로 덧셈하기

- 1.82+3.69의 계산

0.01이 몇 개인지 이용하여 계산할 수 있습니다.

$$
\begin{array}{r} 1.\ 8\ 2 \\ +\ 3.\ 6\ 9 \\ \hline \end{array}
\qquad\rightarrow\qquad
\begin{array}{r} 1.82는\ 0.01이\ 182개 \\ +\ 3.69는\ 0.01이\ 369개 \\ \hline 0.01이\ 551개 \end{array}
\qquad\rightarrow\qquad
\begin{array}{r} 1.\ 8\ 2 \\ +\ 3.\ 6\ 9 \\ \hline 5.\ 5\ 1 \end{array}
$$

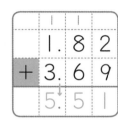

① 소수점의 자리를 맞추어 두 소수를 세로로 씁니다.

② 소수 둘째 자리 숫자끼리, 소수 첫째 자리 숫자끼리, 자연수끼리 덧셈을 합니다.

③ 받아올림이 있을 경우 윗자리로 올려 함께 더해 줍니다.

④ 소수점을 그대로 내려 찍습니다.

◉ 1보다 큰 소수 두 자리 수끼리의 뺄셈/세로셈으로 뺄셈하기

- 3.12−1.58의 계산

0.01이 몇 개인지 이용하여 계산할 수 있습니다.

$$
\begin{array}{r} 3.\ 1\ 2 \\ -\ 1.\ 5\ 8 \\ \hline \end{array}
\qquad\rightarrow\qquad
\begin{array}{r} 3.12는\ 0.01이\ 312개 \\ -\ 1.58은\ 0.01이\ 158개 \\ \hline 0.01이\ 154개 \end{array}
\qquad\rightarrow\qquad
\begin{array}{r} 3.\ 1\ 2 \\ -\ 1.\ 5\ 8 \\ \hline 1.\ 5\ 4 \end{array}
$$

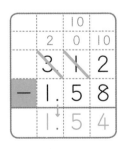

① 소수점의 자리를 맞추어 두 소수를 세로로 씁니다.

② 소수 둘째 자리 숫자끼리, 소수 첫째 자리 숫자끼리, 자연수끼리 뺄셈을 합니다.

③ 각 자리 숫자끼리 뺄 수 없을 때에는 바로 윗자리에서 받아내림하여 계산 합니다.

④ 소수점을 그대로 내려 찍습니다.

Tip 1보다 크고, 자연수 부분이 있는 소수라고 어렵게 생각하지 않게 해 주세요. 자연수 부분은 일의 자리 숫자, 그 밑으로 는 소수 첫째 자리 숫자, 소수 둘째 자리 숫자라는 것을 알게 해 주세요. 또한 소수의 덧셈과 뺄셈도 세로셈으로 바꾸 어 계산하면 실수가 줄어요!

소금 2.55kg 만들기

○ 소금이 담긴 자루가 여러 개 있습니다. 두 자루씩 합하여 2.55kg의 큰 소금 자루를 만들려고 합니다. 소금 자루를 2개씩 짝지어 보세요.

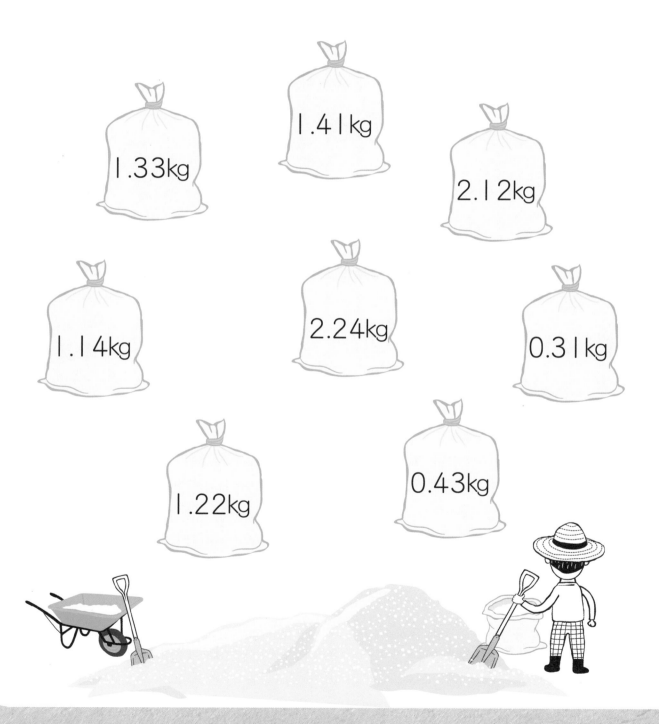

짝꿍 카드 찾기

○ 차가 0.24가 되는 카드 두 장이 짝꿍입니다. 짝꿍 카드끼리 선으로 이어 보세요.

2.98

2.29

2.66

2.42

2.74

2.85

2.61

2.53

○ □ 안에 알맞은 수를 써 보세요.

①

$$
\begin{array}{r}
2.52 \\
+\ 3.24 \\
\hline
\end{array}
$$

2.52는 0.01이 □ 개

+ 3.24는 0.01이 □ 개

0.01이 □ 개

$$
\begin{array}{r}
2.\ 5\ 2 \\
+\ 3.\ 2\ 4 \\
\hline
□.□□
\end{array}
$$

②

$$
\begin{array}{r}
1.28 \\
+\ 5.35 \\
\hline
\end{array}
$$

1.28은 0.01이 □ 개

+ 5.35는 0.01이 □ 개

0.01이 □ 개

$$
\begin{array}{r}
□ \\
1.\ 2\ 8 \\
+\ 5.\ 3\ 5 \\
\hline
□.□□
\end{array}
$$

③

$$
\begin{array}{r}
6.86 \\
-\ 3.45 \\
\hline
\end{array}
$$

6.86은 0.01이 □ 개

- 3.45는 0.01이 □ 개

0.01이 □ 개

$$
\begin{array}{r}
6.\ 8\ 6 \\
-\ 3.\ 4\ 5 \\
\hline
□.□□
\end{array}
$$

④

$$
\begin{array}{r}
7.73 \\
-\ 3.49 \\
\hline
\end{array}
$$

7.73은 0.01이 □ 개

- 3.49는 0.01이 □ 개

0.01이 □ 개

$$
\begin{array}{r}
□\ □ \\
7.\ 7\ 3 \\
-\ 3.\ 4\ 9 \\
\hline
□.□□
\end{array}
$$

⑤

$$
\begin{array}{r}
5.42 \\
-\ 2.28 \\
\hline
\end{array}
$$

5.42는 0.01이 □ 개

- 2.28은 0.01이 □ 개

0.01이 □ 개

$$
\begin{array}{r}
□\ □ \\
5.\ 4\ 2 \\
-\ 2.\ 2\ 8 \\
\hline
□.□□
\end{array}
$$

◯ 다음 소수의 계산을 하세요.

❶
```
    1. 4 5
+   2. 3 4
```

❷
```
    4. 1 2
+   3. 5 6
```

❸
```
    2. 3 4
+   3. 4 5
```

❹
```
    3. 6 8
+   2. 2 8
```

❺
```
    1. 5 6
+   2. 3 7
```

❻
```
    2. 5 9
+   6. 1 4
```

❼
```
    6. 5 4
-   1. 2 3
```

❽
```
    5. 6 7
-   4. 3 2
```

❾
```
    7. 6 4
-   5. 3 1
```

❿
```
    4. 3 2
-   2. 2 6
```

⓫
```
    5. 6 8
-   2. 1 9
```

⓬
```
    7. 5 2
-   2. 1 7
```

1보다 큰 소수 두 자리 수의 덧셈과 뺄셈 세로셈

○ 다음 소수의 덧셈을 하세요.

①
```
   1. 7 5
 + 5. 1 4
```

⑥
```
   4. 5 9
 + 2. 3 5
```

⑪
```
   3. 2 8
 + 4. 8 7
```

②
```
   4. 2 4
 + 3. 7 3
```

⑦
```
   3. 4 7
 + 4. 8 2
```

⑫
```
   3. 6 2
 + 3. 1 9
```

③
```
   5. 1 3
 + 1. 7 6
```

⑧
```
   5. 6 2
 + 2. 7 5
```

⑬
```
   5. 0 5
 + 2. 7 6
```

④
```
   6. 3 6
 + 2. 2 1
```

⑨
```
   3. 8 6
 + 2. 8 1
```

⑭
```
   8. 1 6
 + 1. 0 8
```

⑤
```
   5. 1 9
 + 2. 5 8
```

⑩
```
   2. 6 9
 + 2. 7 5
```

⑮
```
   2. 6 9
 + 3. 5 8
```

○ 다음 소수의 뺄셈을 하세요.

① 　　3. 7 9
　 － 1. 6 7

② 　　8. 6 6
　 － 4. 3 5

③ 　　7. 8 4
　 － 2. 4 2

④ 　　6. 9 5
　 － 4. 5 4

⑤ 　　5. 9 1
　 － 3. 6 2

⑥ 　　7. 4 1
　 － 3. 2 6

⑦ 　　3. 1 6
　 － 1. 5 2

⑧ 　　6. 3 7
　 － 2. 6 3

⑨ 　　7. 7 9
　 － 4. 8 1

⑩ 　　8. 1 4
　 － 5. 2 7

⑪ 　　9. 3 6
　 － 4. 8 7

⑫ 　　6. 7 1
　 － 5. 3 4

⑬ 　　8. 0 7
　 － 3. 9 9

⑭ 　　7. 7 2
　 － 4. 6 8

⑮ 　　6. 6 1
　 － 4. 9 6

○ 세로셈으로 바꾸어 쓰고, 소수의 덧셈을 하세요.

① 4.25+3.34

```
   4. 2 5
 + 3. 3 4
---------
   7. 5 9
```

⑤ 2.57+5.28

② 2.58+3.21

⑥ 3.66+2.62

③ 5.12+2.83

⑦ 6.78+1.46

④ 3.72+3.84

⑧ 3.48+3.39

○ 세로셈으로 바꾸어 쓰고, 소수의 뺄셈을 하세요.

❶ 5.77－1.24

```
  5. 7 7
－ 1. 2 4
─────────
  4. 5 3
```

❺ 4.62－1.39

❷ 6.77－4.51

❻ 7.45－3.62

❸ 8.26－4.55

❼ 5.24－2.68

❹ 6.37－2.19

❽ 8.33－4.79

○ 다음 소수의 계산을 하세요.

❶ $1.34 + 2.52 =$

❽ $8.53 - 7.12 =$

❷ $2.45 + 7.12 =$

❾ $5.67 - 2.35 =$

❸ $3.39 + 2.22 =$

❿ $6.83 - 3.55 =$

❹ $4.51 + 4.73 =$

⓫ $7.35 - 3.72 =$

❺ $3.98 + 2.31 =$

⓬ $9.12 - 2.45 =$

❻ $2.85 + 5.78 =$

⓭ $8.23 - 3.67 =$

❼ $3.74 + 5.48 =$

⓮ $5.17 - 3.38 =$

○ 계산 결과를 보고, □ 안에 알맞은 소수를 써 보세요.

❶
$$
\begin{array}{r}
3.27 \\
+ \boxed{} \\
\hline
5.59
\end{array}
$$

❺
$$
\begin{array}{r}
4.46 \\
+ \boxed{} \\
\hline
7.38
\end{array}
$$

❾
$$
\begin{array}{r}
2.79 \\
+ \boxed{} \\
\hline
5.93
\end{array}
$$

❷
$$
\begin{array}{r}
4.67 \\
- \boxed{} \\
\hline
3.15
\end{array}
$$

❻
$$
\begin{array}{r}
6.72 \\
- \boxed{} \\
\hline
2.47
\end{array}
$$

❿
$$
\begin{array}{r}
7.45 \\
- \boxed{} \\
\hline
4.72
\end{array}
$$

❸
$$
\begin{array}{r}
\boxed{} \\
- 4.27 \\
\hline
3.62
\end{array}
$$

❼
$$
\begin{array}{r}
\boxed{} \\
- 3.92 \\
\hline
2.21
\end{array}
$$

⓫
$$
\begin{array}{r}
\boxed{} \\
- 1.16 \\
\hline
5.18
\end{array}
$$

❹
$$
\begin{array}{r}
\boxed{} \\
- 5.59 \\
\hline
2.43
\end{array}
$$

❽
$$
\begin{array}{r}
\boxed{} \\
- 7.28 \\
\hline
1.35
\end{array}
$$

⓬
$$
\begin{array}{r}
\boxed{} \\
- 2.87 \\
\hline
5.35
\end{array}
$$

1보다 큰 소수 두 자리 수의 덧셈과 뺄셈

1. 다음 소수의 계산을 하세요.

①
```
   2. 5 9
 + 4. 2 4
```

④
```
   6. 4 2
 − 1. 2 8
```

② $3.96 + 1.23 =$

⑤ $7.25 - 3.62 =$

③ $4.72 + 2.99 =$

⑥ $8.05 - 2.68 =$

2. 계산 결과를 비교하여 ○ 안에 >, =, <를 알맞게 써 보세요.

① $4.23 + 1.93$ ◯ $8.72 - 2.56$

② $6.67 + 1.56$ ◯ $9.35 - 2.06$

3. 계산 결과를 보고, ☐ 안에 알맞은 소수를 써 보세요.

①
```
   3. 2 7
 + [    ]
 ────────
   8. 4 2
```

②
```
   [    ]
 − 2. 1 7
 ────────
   4. 3 8
```

4. 두 소수의 합과 차를 구하세요.

3.95　　　5.12

❶ 합 _____

❷ 차 _____

5. 진수와 지연이는 밭에서 감자를 캤습니다. 진수는 3.32kg을 캤고, 지연이는 4.75kg을 캤습니다. 둘이서 캔 감자는 모두 몇 kg인지 식을 쓰고 답을 구해 보세요.

식 _____　　답 _____ kg

6. 현아는 하루 동안 물을 1.24L 마셨고, 소진이는 물을 1.52L 마셨습니다. 소진이는 현아보다 물을 몇 L 더 많이 마셨는지 식을 쓰고 답을 구해 보세요.

식 _____　　답 _____ L

7. 소라는 2.34m의 끈을 가지고 있고, 세영이는 4.59m의 끈을 가지고 있습니다. 두 사람이 가지고 있는 끈을 0.12m가 겹치도록 붙였습니다. 이 끈의 길이는 몇 m인지 식을 쓰고 답을 구해 보세요.

식 _____　　답 _____ m

자릿수가 다른 소수의 덧셈과 뺄셈

학습 목표

- 소수점 아래 자릿수가 서로 다른 소수의 덧셈을 할 수 있다.
- 소수점 아래 자릿수가 서로 다른 소수의 뺄셈을 할 수 있다.

계산력 마스터 표

오늘의 학습 성취도를 매일매일 체크하세요!

집중해서 공부를 하였나요?
학습 결과가 기준을 통과했다면 스티커를 붙여 주세요.

8주		학습 관리	맞은 개수 걸린 시간	통과 기준	계산력 마스터
1일차		개념 이해, 사고셈		학습 완료	
2일차	집중 훈련	정확히 풀기	개	21/24개	
3일차		빠르게 풀기	분 초	5분 이내	
4일차		정확히 풀기	개	13/16개	
5일차		빠르게 풀기	분 초	6분 이내	
6일차		계산력 완성	개 분 초	11/14개 6분 이내	

한 주 동안의 학습을 다 마쳤나요?
틀린 문제까지 다시 풀어 모두 해결했다면 스티커를 붙여 주세요.

1일차 자릿수가 다른 소수의 덧셈과 뺄셈

소수점 아래 자릿수가 서로 다른 소수의 덧셈과 뺄셈의 계산 방법에 대해 공부할 거예요. 소수점 아래 자릿수가 다른 소수를 더하거나 뺄 때는 끝자리 뒤에 0이 있는 것으로 생각하여 자릿수를 맞추면 돼요. 소수점의 위치만 주의하면 자연수의 덧셈, 뺄셈과 크게 다르지 않아요!

교과 연계 4학년 2학기 1단원 소수의 덧셈과 뺄셈

 마트 가는 길

● 자릿수가 서로 다른 소수끼리의 덧셈하기

• 1.5+2.84의 계산

소수점 아래 자릿수가 다른 소수의 덧셈을 할 때에는 끝자리 뒤에 0이 있는 것으로 생각하여 자릿수를 맞추어 더합니다.

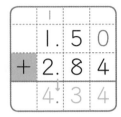

● 자릿수가 서로 다른 소수끼리의 뺄셈하기

• 3.6−1.54의 계산

소수점 아래 자릿수가 다른 소수의 뺄셈을 할 때에는 끝자리 뒤에 0이 있는 것으로 생각하여 자릿수를 맞추어 뺍니다.

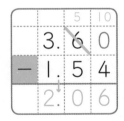

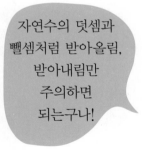

자연수의 덧셈과 뺄셈처럼 받아올림, 받아내림만 주의하면 되는구나!

Tip 소수는 필요할 경우 오른쪽 끝자리에 '0'을 붙여 나타낼 수 있어요. 따라서 3은 3.0과 같지요. 그러므로 소수점 아래 자릿수가 다른 소수를 더하거나 뺄 때는 끝자리 뒤에 0이 있는 것으로 생각해서 자릿수를 맞추어 주고 계산하도록 지도해 주세요! 소수 셋째 자리도 어려움 없이 풀 수 있어요.

덧셈 오솔길

○ 같은 무늬의 오솔길을 따라 가다가 중간에 만나는 소수를 더하여 도착하는 집에 계산 결과를 써 보세요.

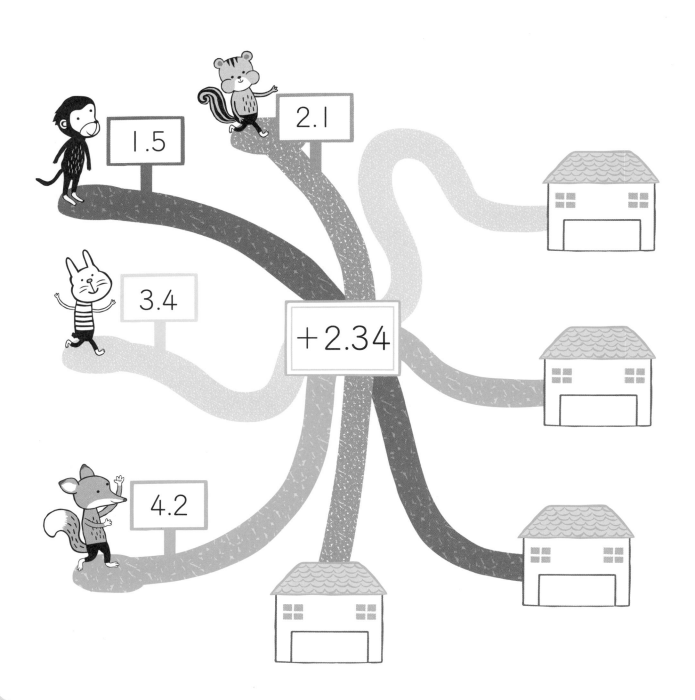

뺄셈 오솔길

○ 같은 무늬의 오솔길을 따라 가다가 중간에 만나는 소수를 빼서 도착하는 집에 계산 결과를 써 보세요.

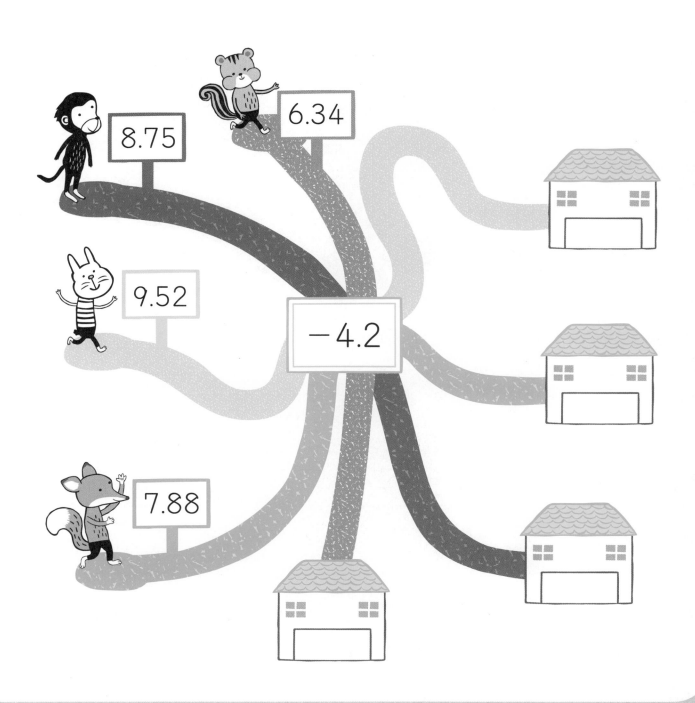

○ 다음 소수의 덧셈을 하세요.

①
```
  2. 6 0
+ 3. 2 4
  5. 8 4
```

⑤
```
  3. 9
+ 1. 6 7
```

⑨
```
  2. 8
+ 4. 2 3 4
```

②
```
  3. 2
+ 5. 4 4
```

⑥
```
  3. 2 9
+ 3. 9
```

⑩
```
  6. 7
+ 2. 4 4 5
```

③
```
  1. 7 8
+ 3. 4
```

⑦
```
  5. 5 2
+ 3. 4 1 7
```

⑪
```
  4. 5 5 9
+ 2. 6
```

④
```
  6. 4 2
+ 2. 9
```

⑧
```
  7. 2 2 3
+ 1. 9 3
```

⑫
```
  3. 8
+ 2. 7 8 9
```

○ 다음 소수의 뺄셈을 하세요.

❶
```
    5. 6 7
  - 2. 3 0
    3. 3 7
```

❺
```
    9. 6
  - 4. 5 7
```

❾
```
    7. 8 5
  - 2. 5 3 5
```

❷
```
    4. 7 7
  - 1. 2
```

❻
```
    5. 7
  - 3. 2 8
```

❿
```
    9. 4 7
  - 3. 5 4 2
```

❸
```
    6. 3
  - 4. 1 5
```

❼
```
    3. 4 2
  - 1. 2 0 8
```

⓫
```
    8. 2 6
  - 4. 6 4 5
```

❹
```
    7. 8
  - 3. 5 6
```

❽
```
    6. 3 3
  - 2. 2 0 4
```

⓬
```
    6. 9
  - 2. 5 2 4
```

○ 다음 소수의 덧셈을 하세요.

①
```
   4. 4
+ 2. 5 4
```

②
```
   2. 5
+ 3. 2 2
```

③
```
   3. 6 7
+ 1. 8
```

④
```
   5. 3 8
+ 2. 9
```

⑤
```
   6. 1 3
+ 2. 9
```

⑥
```
   4. 8
+ 3. 6 6
```

⑦
```
   7. 2 2 3
+ 1. 9 3
```

⑧
```
   4. 3 2 7
+ 2. 7 2
```

⑨
```
   3. 6 3
+ 2. 7 8 1
```

⑩
```
   5. 5 9
+ 2. 7 2 2
```

⑪
```
   6. 7 5
+ 2. 7 7 3
```

⑫
```
   4. 4 8 3
+ 2. 8 8
```

⑬
```
   8. 7 5
+ 1. 0 7 5
```

⑭
```
   2. 6
+ 3. 9 9 8
```

⑮
```
   1. 7 8 9
+ 4. 5 9
```

○ 다음 소수의 뺄셈을 하세요.

① 　 4. 6 7
　 − 2. 3

② 　 6. 7 8
　 − 2. 5

③ 　 7. 8 2
　 − 3. 2

④ 　 5. 5
　 − 1. 1 9

⑤ 　 9. 6
　 − 3. 4 2

⑥ 　 7. 4
　 − 2. 1 7

⑦ 　 5. 4 2 5
　 − 2. 7 1

⑧ 　 6. 7 5 7
　 − 3. 8 4

⑨ 　 4. 1 1 8
　 − 2. 3 1

⑩ 　 6. 4 8
　 − 1. 2 4 7

⑪ 　 7. 1
　 − 3. 8 4 3

⑫ 　 8. 6
　 − 5. 9 2 1

⑬ 　 9. 2
　 − 7. 9 0 2

⑭ 　 5. 0 5
　 − 2. 9 1 4

⑮ 　 6. 3
　 − 2. 7 6 3

4일차 자릿수가 다른 소수의 덧셈과 뺄셈 연습

○ 세로셈으로 바꾸어 쓰고, 소수의 덧셈을 하세요.

❶ 6.5＋2.25

```
    6. 5
 + 2. 2 5
 ─────────
    8. 7 5
```

❺ 5.51＋2.839

❷ 2.7＋3.68

❻ 6.652＋2.75

❸ 4.16＋2.9

❼ 2.67＋4.986

❹ 5.84＋2.5

❽ 3.782＋1.85

○ 세로셈으로 바꾸어 쓰고, 소수의 뺄셈을 하세요.

❶ 4.5 − 1.25

$$
\begin{array}{r}
4.\,5 \\
-\ 1.\,2\ 5 \\
\hline
3.\,2\ 5
\end{array}
$$

❺ 3.56 − 1.278

❷ 5.4 − 3.19

❻ 5.79 − 2.406

❸ 6.3 − 3.78

❼ 6.36 − 1.711

❹ 8.2 − 4.56

❽ 8.28 − 3.457

133

○ 다음 소수의 계산을 하세요.

① $3.5 + 2.34 =$

② $4.2 + 3.568 =$

③ $2.78 + 2.189 =$

④ $5.9 + 2.765 =$

⑤ $3.77 + 4.183 =$

⑥ $5.34 + 2.915 =$

⑦ $1.752 + 3.66 =$

⑧ $5.6 - 2.42 =$

⑨ $4.1 - 2.09 =$

⑩ $5.32 - 1.496 =$

⑪ $6.45 - 2.375 =$

⑫ $8.13 - 2.366 =$

⑬ $5.5 - 1.365 =$

⑭ $7.8 - 2.876 =$

○ 계산 결과를 보고, ☐ 안에 알맞은 소수를 써 보세요.

①

$$
\begin{array}{r}
2.56 \\
+\ \boxed{} \\
\hline
6.683
\end{array}
$$

⑤

$$
\begin{array}{r}
3.14 \\
+\ \boxed{} \\
\hline
5.707
\end{array}
$$

⑨

$$
\begin{array}{r}
5.3 \\
+\ \boxed{} \\
\hline
8.265
\end{array}
$$

②

$$
\begin{array}{r}
\boxed{} \\
+\ 2.036 \\
\hline
7.356
\end{array}
$$

⑥

$$
\begin{array}{r}
\boxed{} \\
+\ 3.217 \\
\hline
5.477
\end{array}
$$

⑩

$$
\begin{array}{r}
\boxed{} \\
+\ 1.63 \\
\hline
6.928
\end{array}
$$

③

$$
\begin{array}{r}
\boxed{} \\
-\ 2.016 \\
\hline
3.124
\end{array}
$$

⑦

$$
\begin{array}{r}
\boxed{} \\
-\ 2.417 \\
\hline
5.473
\end{array}
$$

⑪

$$
\begin{array}{r}
\boxed{} \\
-\ 3.638 \\
\hline
5.512
\end{array}
$$

④

$$
\begin{array}{r}
5.45 \\
-\ \boxed{} \\
\hline
4.213
\end{array}
$$

⑧

$$
\begin{array}{r}
6.74 \\
-\ \boxed{} \\
\hline
3.584
\end{array}
$$

⑫

$$
\begin{array}{r}
7.16 \\
-\ \boxed{} \\
\hline
1.432
\end{array}
$$

1. 다음 소수의 계산을 하세요.

❶
$$\begin{array}{r} 5.23 \\ +\ 2.893 \\ \hline \end{array}$$

❹
$$\begin{array}{r} 5.67 \\ -\ 2.744 \\ \hline \end{array}$$

❷ $6.7 + 2.84 =$

❺ $8.3 - 2.17 =$

❸ $3.76 + 6.035 =$

❻ $7.04 - 1.619 =$

2. 계산 결과를 비교하여 ○ 안에 >, =, <를 알맞게 써 보세요.

❶ $5.45 + 1.272$ ◯ $9.65 - 3.177$

❷ $7.64 - 2.709$ ◯ $3.45 + 2.375$

3. 계산 결과를 보고, ☐ 안에 알맞은 소수를 써 보세요.

❶
$$\begin{array}{r} 6.87 \\ +\ \boxed{} \\ \hline 8.285 \end{array}$$

❷
$$\begin{array}{r} \boxed{} \\ -\ 1.737 \\ \hline 6.513 \end{array}$$

4. 다음 소수 중 가장 큰 소수와 가장 작은 소수의 합을 구하세요.

> 5.87   2.578   3.24   5.9   2.6

답 _____

5. 선경이는 리본 4.2m를 가지고 있습니다. 이번에 선물을 포장하는 데 리본을 2.73m를 사용하였습니다. 선물을 포장하고 남은 리본의 길이는 몇 m인지 식을 쓰고 답을 구해 보세요.

식 _____   답 _____ m

6. 쿠키를 만들기 위해 밀가루 3.5kg과 설탕 1.75kg을 가져 왔습니다. 이 두 개의 무게를 합하면 몇 kg인지 식을 쓰고 답을 구해 보세요.

식 _____

답 _____ kg

7. 유라와 진구가 고구마를 캐고 있습니다. 유라는 고구마 2.75kg를 캔 후, 잠시 쉬었다가 4.5kg를 더 캤습니다. 진구는 고구마 5.8kg을 캤습니다. 유라는 진구보다 고구마를 몇 kg 더 캤는지 식을 쓰고 답을 구해 보세요.

식 _____   답 _____ kg

메모

■ 1~6일차 마스터 스티커

■ 주별 마스터 스티커